GREEN DESIGN

Creative sustainable designs
for the twenty-first century

LIGHTING
HOMEWARE
FURNITURE
TEXTILES & MATERIALS
PRODUCTS
TRANSPORT
INTERIORS
ARCHITECTURE

绿色设计

——21世纪的创造性可持续设计

[英] 马库斯·菲尔斯 著
滕学荣 译

中国建筑工业出版社

著作权合同登记图字：01－2012－9341号
图书在版编目（CIP）数据

绿色设计——21世纪的创造性可持续设计 /（英）菲尔斯著；滕学荣译.
北京：中国建筑工业出版社，2016.6
ISBN 978-7-112-19410-0

Ⅰ.①绿… Ⅱ.①菲…②滕… Ⅲ.①设计学 Ⅳ.①TB21

中国版本图书馆CIP数据核字（2016）第094781号

Originnal title
GREEN DESIGN: Creative, Sustainable Designs for the Twenty–First Century

责任编辑：白玉美 率 琦 董苏华
责任校对：王宇枢 李美娜

绿色设计——21世纪的创造性可持续设计
[英] 马库斯·菲尔斯 著
滕学荣 译
*
中国建筑工业出版社出版、发行（北京西郊百万庄）
各地新华书店、建筑书店经销
北京嘉泰利德公司制版
北京缤索印刷有限公司印刷
*
开本：787×1092毫米 1/16 印张：16 字数：586千字
2016年11月第一版 2016年11月第一次印刷
定价：118.00元
ISBN 978-7-112-19410-0
(28662)

目录

前言

绿色设计如今已经成为媒体中最具争议的热门话题——在政治上无数次讨论，在教育上无数次提及，还被各种形式的利益集团极力维护，但同时它也是让普通人倍感困惑的课题——当然，对于绝大多数消费者来说它更显得神秘。这种困惑显然也延伸到了设计界内部及其外延，人们发现想要在促进消费的同时减少对环境的影响，的确是难上加难。

围绕着绿色设计的越来越多的争议也增加了人们对它的困惑。营销公司相互争着来说服我们说某家石油和燃料巨头比别人更加绿色，如果我们买了他们的轿车会远比买别的品牌轿车更加可持续。政府则发出自相矛盾的消息，一方面必须促进增长，增加财富和消费，而另一方面又同时指出这个世界可悲的现状。

就我个人而言，尽管一直以来花费大量的时间和精力探索这个课题，但依然不能说自己已经清晰地理解了这个课题的复杂性，也不能说已经找到了一个方法，把不同的学科、对立的观点、矛盾的统计数据以及人们对于这一课题的疯狂融合到一起。

我在这个关于绿色设计的讨论中所能做的，就是在一个个设计方案中开展绿色设计的实验，尽力在产品的某一方面进行明确的定义，比如其材料和原产地。例如，为阿泰克（Artek）家具公司设计的一系列竹家具，就是利用竹材产量丰富、生长快速的特性，再加上卓越的技术品质生产出的产品，也为其他的设计师提供了新的设计灵感和可

能。该项目挑战了对原材料的有限的使用方式，也尝试着减少设计中不必要的部分，使得产品本身既有时尚感，又能延长使用寿命，但在全球推广以及减少消费的问题上仍有待考验。

显然，唯一真正的可持续发展的行动可能是不再消费，或者严格一些，就是不再生产，或许不再繁育后代也能为可持续发展提供帮助。对于这种可能性的探索，体现在为阿泰克公司的另一个设计——“第二个圆”中。在这个设计中策划了阿泰克的旧产品回收系统，这些椅子被重新投入销售渠道，销售给新的客户，恰恰因为它们多年来沉淀下来的内在的独特性和铜绿的光泽。不过，考虑到所有的因素，用一种更加积极的姿态和手段也许更合适，但是设计者、发明者、生产者和消费者可以看到这种方式定会实现的曙光。

在本书中，马库斯·菲尔斯（Marcus Fairs）让各种领域的设计项目闪耀光芒。项目的多样性也展现了如今活跃在最重要领域的革新的广度……也在这样巨大的窘境中给予我们微小的希望的曙光，又一次向我们证明，只有利用人类的智慧才是前进的唯一道路。

——汤姆·迪克逊

下图从左到右：第二个圆，生态餐具，吹塑吊灯，第二个圆（全部为汤姆·迪克逊作品）。

导言

在过去的几年间，绿色设计从一门边缘学科成为设计界所讨论的最重要的领域之一。由于人为导致的自然环境的恶化已上升到首要议题，设计师们也开始严肃地重新审视自己的角色，并且自问究竟是属于造成问题的一部分，还是属于解决方案的一部分。横跨整个设计领域，从建筑设计到汽车设计，从家具设计到照明设计，设计师们开始解决一系列不同的问题，不仅关注产品的造型和功能，更加关注它们的生态和社会效应。几乎是在一夜之间，节能设备和中水循环系统已成为建筑设计的必需品，汽车生产商竞相出产低排放的交通工具，由循环材料制成的家具和灯具也成为最热门的时尚。

理查德・罗杰斯（Richard Rogers）和诺曼・福斯特（Norman Foster）等著名的建筑师，以及汤姆・迪克逊和罗斯・洛夫格罗夫（Ross Lovegrove）等著名的设计师一同引领着这股风潮，利用他们的影响力使客户确信：让他们的企业、建筑和产品更可持续，在道德上和经济上都是至关重要的。与此同时，新一代的年轻设计师出现，反对大众消费文化中的浪费现象，探索与自然相和谐的新式设计的方法，探索不使用那些无法回收的材料进行设计的方法，甚至对消费观念自身提出了挑战。

设计师希思・纳什（Heath Nash），托姆沙・高布扎蒂尔・利贝蒂尼（Tomás Gabzdil Libertiny）和斯图尔特・海加思（Stuart Haygarth）已经被推向这一系列新的绿色导向风潮的先锋地位，这在一定程度上是媒体渴望发现新潮流的结果——如今没有比“绿色设计”更加吸引市场的潮流了。在过去的几年中，关于绿色设计的书籍（包括本书）、展览、网站、博客和商店不断涌现，“可持续性”也已成为了主流。

但这些并不代表我们正在见证一场关于绿色设计的创新产品、大众反应和舆论导向的巨大变革。在这场风潮中依然混杂着大量的滥竽充数、充满噱头甚至是牵强附会的提议，而这些无法施行的提议也不会带来任何益处。然而这仅仅是绿色设计革命的开端：构想还在不断被试验，技术也在不断被完善。设计师对他们在过去做设计时几乎不关注环境影响的做法感到内疚，他们迅速转变了自己对待环境的态度，从很多方面进行赶超。例如，在建筑设计领域，光电技术的发展提供了一个未来建筑物通过太阳能为自己发电的可能，但前提是太阳能电池的成本要足够低、效率要足够高。在照明设计中，新型低能耗的LED（发光二极管）和CFL（紧凑型荧光灯）技术还面临着照明质量不佳的问题，并且（对于紧凑型荧光灯）担心如何安全处置使用过的灯泡，也是阻碍其发展的重要因素。在汽车设计中，生物燃料、氢能和纯电动是否就是汽车业的未来还存在不确定性，消费者还没有准备好接受这种创新和改革，而制造商也仅仅只能谨慎地处于试验阶段。

在绿色技术成为主流之前，消费者的观念——尤其是经济观念还需要翻天覆地的改变。不过随着油价的不断变化，考虑到化石燃料的供应和政府对严重的全球变暖问题的警惕，很多专家相信人们选择绿色技术这个转折点可能是触手可及的。

本书的目的并不在于发表宣言和进行说教，或是建立一种绿色设计方法的规范，而仅是一窥这些绿色潮流中的设计作品，阐述作品呈现出的理念和作品背后所蕴含的设计构想。本书所展示在不同领域的设计也提供了对于绿色设计多种多样的方法和方向。

绿色设计可以广义地定义为一系列的理念——减少制造过程中以及完工产品，或者建筑物所包含的不可再生资源

的使用，提高使用者和产品供应链上每一个人的生活质量，以及最小化产品和建筑在使用过程中和使用过程后产生的环境影响。本书所涵盖的设计作品有着上述一种或多种目的，并旨在为自然环境和人类社会提供更加可持续性的发展。

本书所选编的作品大致分为两类：一部分作品采用高科技，一部分则使用低技术。前者展示出一种利用技术解决环境问题的理念，并且已经在诸如汽车设计的实验改革中体现出来，比如燃料电池、氢能发电机和再生制动系统。低技术的设计手段则尤其在年轻设计师中广为流行，它包括采用复古的、长期以来使用的（甚至古老的）设计方法避免高科技带来的问题，废物回收利用或者模仿自然的生态系统。重新利用废旧材料进行家具、灯具和家居用品设计的风潮已经成为现今最主流的设计趋势之一——例如由马蒂厄·勒汉努（Mathieu Lehanneur）所设计的“地方河”（见第 140 页）就是采用外观前卫的家用养鱼池和植物繁殖器的构想，运用已经存在了几百年的传统农业技术为人们提供更健康、更可持续的食物。低技术的设计潮流标志着对从 20 世纪初就已形成的，惯用设计手段的断然背离，也代表着年轻设计师似乎已对现状感到失望；他们甚至认为设计行业应当为我们如今的状况共同承担责任。在过去的一个世纪里，设计师们总的来说不加批判地致力于帮助工业厂家为消费者生产出更多更好的产品，或是在建造建筑物时，更加注重其经济利益而不是它们对于自然和人类的影响。

这样的共谋致使我们走向今天的窘境。由工厂、建筑物和汽车所排放出的大量二氧化碳引起了气候的变化，已成为对这个星球上生命的最大威胁；而为了满足人类对于消费的欲望，人们不断地掠夺资源，是造成了严重的荒漠化、污染和动物栖息地被破坏的主要原因。与此同时，气候变迁引发的干旱、能源问题冲突、办公场所的过度开发，以及缺乏包括干净的饮用水、健康医疗和教育的基本幸福保障，也使得人类自己备受折磨。我们对消费的过度迷恋所导致的环境影响，以及大量的人道主义代价常常由那些首先受到伤害的人来承担。

人们意识到，消费者的行为，诸如开私家车、乘坐飞机、居家取暖和使用电器会造成对地球的直接损害，而这似乎使得一群设计师——整体看来是些有理想主义又正直的一群人——体验到共同的懊恼，他们所创造的那些产品不仅没有带来好处反而给社会造成了更糟糕的影响。20 世纪初的现代主义者的梦想——建筑师和设计师通过创造出更高质量的、大批量生产的产品来提升广大民众的生活水平——如今也变成了一种妄想。

然而，设计师是解决问题的人，他们如今也把注意力转向了这个时代最重大的问题上。虽然说，设计帮助解决全球变暖和资源匮乏的理念是在我们这个特殊的时代背景下产生的，但绿色设计与早期的艺术运动有着明显的相似之处，尽管早期的思想家所面对的挑战大相径庭。19 世纪末的工艺美术运动被认为是设计运动的重要先驱，它的追随者们极度厌恶工业化对于工厂工人和他们所生产产品的完整性的破坏。相反，这场运动提升了技艺娴熟的工匠的尊严，真实地运用材料和形式进行创造。这场运动既是浪漫主义的，企图理想化一个虚构的前工业时代——手工艺人运用自然原材料生产那些仅在本地持续利用的产品，又是精英主义的——他们所提倡的产品和建筑设计只能被少部分富人阶级所享用。尽管如此，工艺美术运动还是成为此后对于全球消费主义经济抵制的智慧先驱。

工艺美术运动最终被现代主义所取代。与其抵制技术的理念相反，现代主义欢迎并运用现代科技创造出全社会的工业产品。知识分子们的注意力从生产价值观转移到了消费价值观上——人们不再从劳动中，而是从他们的房产和财产中获得尊严。现代主义所获得的巨大成功使得他们被归纳到唯物主义的行列之内，也成为全球社团主义的主流风格，却在此过程中远离了他们根本的社会目标。

作家、教育家维克托·帕帕内克（Victor Papanek）在其 1971 年所出版的极具影响力的《为真实世界而设计》一书中指出，设计师们应当有义务承担道德责任，将人类社会重新纳入正轨。设计师们拥有塑造环境的力量，却对他们的设计作品被用作物质的、世俗的目的并不那么关心，帕帕内克对这种不协调感到不满。他认为设计是积极变化的代言人，而设计师们则应致力于用自己的能力改造这个发展中的社会的整体环境。威廉·麦克多诺（William McDonough）和迈克尔·布劳恩加特（Michael Braungart）在他们 2002 年所出版的《从摇篮到摇篮》（副标题：重塑我们创造产品的方式）中提出了更加激进的设计方法和生产手段。该书倡议人们对传统的生产模式进行彻底的整改，认为环保主义者所提出的 3R 原则——“减量化”（Reduce）、“再利用”（Reuse）、“再循环”（Recycle）都是限制开发有限资源的手段；然而，设计师们应当努力完全消除人们对废物的概念。他们提出，设计师应当开始思考如何使产品的零部件变得可以无限地“升级再造”，从而创造出新的产品或是提供自然环境的营养物，而不是“从摇篮到坟墓”的模式，让那些有用的材料变得无法再生。这个激进的设计范例提供了一种可能，也许某一天设计真的可以帮助解决如今全世界所面临的难题。

前页：阿特勒埃尔（Atelier NL）事务所的蒙阿祖尔花瓶，右：24 小时事务所的手风琴小屋

第1章　照明

在照明生产工业中，正在进行一场低耗能的革命。随着电器配件成本和质量的下降，消耗极小部分的电能，同时又能减少电热产生的新技术会在几年之内广泛应用。传统的白炽灯——从托姆沙·爱迪生时代就几乎不变、使用至今的技术——或许会被迅速废弃，政府迫使白炽灯生产厂家淘汰这种耗电的技术，这也加速着它的消亡。

随之而来的是两种相互竞争的低耗能照明系统：发光二极管（简称LED）与紧凑型荧光灯（简称CFL）。LED是一种微小的发光设备，它不仅可以发出各种颜色的光线，也可以排列起来形成各种不同的灯光效果，光线也是可调的。它的缺点在于它的成本较高，而且在使用过程中会发热。CFL灯泡中包含混合的惰性气体——汞蒸气和磷粉——比白炽灯节能近60%，几乎不产生热量，使用寿命也长，但它所含的化学成分却令人担心。这两种技术都在急速发展着，但很多设计师也对它们的照明质量及缺乏美观的问题——尤其是CFL——感到不满。设计师和消费者似乎都不乐意放弃温暖的、舒适的、光色怡人的传统白炽灯，转而使用冰冷的、刺眼的新型光源。

不过设计师也开始探索这两种技术背后的潜质：例如CFL光源首先开始使用纤维、纸和其他易燃材料制成的柔软的、装饰性的灯罩，而传统的白炽灯泡由于它大量发热而不能靠近这些材料。

尼古拉斯·鲁普（Nicolas Roope）设计的羽毛灯泡（见第21页）就是将CFL灯管设计成多样的雕塑造型，使得

它变成了一件艺术品。

将节能灯与可再生能源结合起来的趋势创造出了新的产品类型，例如可携式的太阳能灯——可以在白天储存太阳能，夜晚发出光亮，或是靠风能发电的照明灯具。肯尼迪 & 维奥里奇建筑事务所（Kennedy & Violich Architecture）通过他们的便携式照明产品设计，不断推进这种组合工艺，开发一种具有巨大潜力的对人类有利益的产品。这个设计将照度极高的 LED 灯泡与光伏电池编织到同一块纤维之中，创造出一种非常便携的“光毯”，让那些偏僻的、不能通电的社区居民可以在夜晚进行阅读和学习。

但是，本节所提到的许多照明设计师，如同其他领域的那些设计师一样，与其说是设计环境友好的产品，不如说是用自己的产品表达他们对环境问题的观点。用已有的废弃材料进行设计是一种常见的工艺：例如斯图尔特·海加思的镜片枝形吊灯就是将废弃眼镜中的镜片组合而成，而科米泰（Committee）工作室设计的科巴台灯则是将跳蚤市场和旧货店买来的物件组装到了一起。

尽管这些设计者大部分是出于美学而非政治目的设计他们的产品——因为他们发现了废旧材料的美才利用它们——他们还是帮助促进了这样的观点：那些对环境最友好的产品，是那些用过的、又能够再利用的，并且反反复复利用的产品。

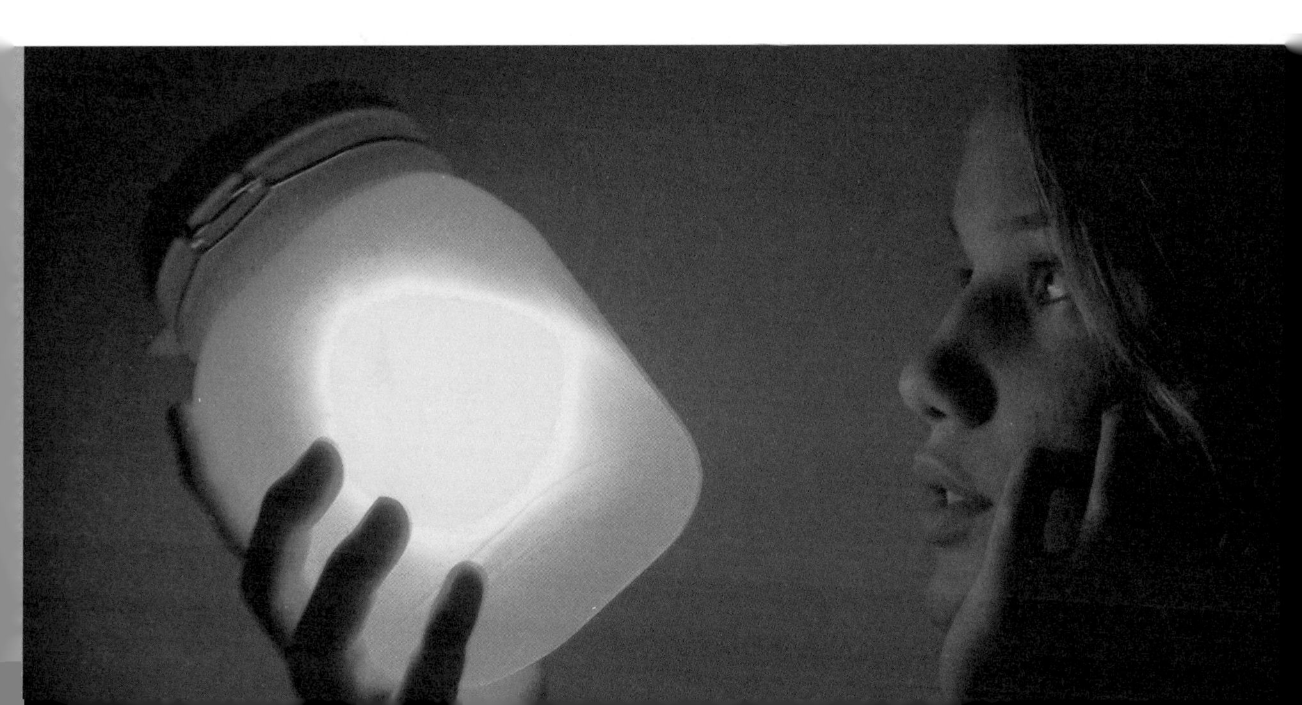

来吧雨水，来吧阳光

时间：2004 年
设计师：托尔德·伯蒂（Tord Boontje）

“来吧雨水，来吧阳光”是美国设计品牌 Artecnica 旗下“有良知的设计”系列的一件产品，旨在提升社会的可持续性和公平交易。这件产品与该系列其他产品一样，由发展中国家的工匠们手工制成，这一件则与巴西的女性工匠一起合作而成。

“来吧雨水，来吧阳光”由居住于法国南部的荷兰设计师托尔德·伯蒂设计。本设计有黑色、白色和彩色三种版本，在这件漂亮的灯具上，手工编织的轻薄棉纺、透明硬纱和丝绸，包裹在球形钢丝组成的灯罩上，上面镶嵌有人工纺织而成的花朵。灯罩是由库帕－罗卡（Coopa-Roca）制造的，这是位于里约热内卢最大的贫民窟荷欣尼亚（Rocinha）的妇女合作组织，在这里采用传统的巴西手工艺——例如贴花、钩织、编结和拼布——进行编织。库帕－罗卡——全名为荷欣尼亚女性裁缝与手工艺人合作有限公司——允许女员工在家中完成工作，这样她们就能够一边工作一边照看孩子，并且完成家务。

Artecina 设计品牌的“有良知的设计”项目从 2002 年开展至今，这家加利福尼亚州设计公司的创始人恩里科·布雷桑（Enrico Bressan）和塔米内·约万巴赫特（Tahmineh Javanbakht）决定将他们的产品形式转变成更加可持续的设计（见第 46、50 和 54 页该项目的其他产品）。他们当初的灵感来自关于人性化设计和可持续化风格的硕士课程，该课程同年开设于在荷兰有影响力的埃因霍温（Eindhoven）设计学院。该课程由荷兰设计师赫拉·容基瑞斯（Hella Jongerius）创办，她在日后也一直参与设计，为“有良知的设计”项目设计产品。

通过“有良知的设计”项目，Artecnia 把设计扩展为使西方设计师与发展中国家的熟练工匠合作。在亚洲和南美洲的大部分国家，传统的手工艺还在发展，工匠们也可以通过他们的劳动直接获得收益。

吹塑吊灯

时间：2007 年

设计师：汤姆·迪克逊

紧凑型荧光灯（CFL）只使用传统白炽灯泡 40% 的能源，却因为它们不甚美观、照明质量较差而饱受诟病。不过，随着欧盟国家可能会逐步淘汰掉老式的白炽灯，并且环保主义者已对电热发光灯泡浪费电能感到极为不满，很多设计师如今都在尝试将 CFL 设计成消费者更能接受的产品。

汤姆·迪克逊的吹塑吊灯设计于 2007 年，是第一件设计师专门为节能灯所设计的灯具：灯罩上的铜片装饰可以通过反光形成定向的光线，透过透明塑料底座发散出来。迪克逊没有采用极新潮的形式，而是选择了复古的样式：迪克逊称这是最早的、可以在室外应用的、适合 CFL 灯管的灯具之一，其造型根据熟悉的白炽灯泡圆鼓的形态而设计，这样就很好地把并不好看的节能灯管隐藏在更加令人安心的灯罩里面。

迪克逊与节能灯厂商格劳布（Glowb），以及英国节能信托基金会，在 2007 年 9 月伦敦设计节上首次发布了这款吹塑吊灯，通过一件装置设计开拓了 CFL 光源的节能潜质。在伦敦市中心的特拉法加广场，500 个透明灯罩的吹塑吊灯悬吊在脚手架上形成了这个巨大的装置。在设计周期间，1000 个吹塑吊灯和 3500 个格劳布品牌的 CFL 灯泡展现在公众面前，为提高公众的意识进行了一场宣传。

同时，英国节能信托基金会宣称如果 3500 个免费的灯泡能够用来替代传统的 60 瓦白炽灯，在它们的使用期限内将会减少排放 754 吨二氧化碳——相当于能填充 150 个热气球或者 4300 辆双层巴士。

风之灯

时间：2007 年

设计师：贾森·布吕热（Jason Bruges）工作室

几百个风能发电的 LED 灯在高大且有弹性的灯柱上随风飘扬，这个临时装置安装在伦敦南岸中心，该项目旨在探索城市中风能的利用方式。每一个 LED 灯都配备一个微型风涡轮发动机，整个装置组合成灯群，在晚风中前后摇摆、疏密变幻，在河岸边形成一个不断变化的风景，将风以直观的三维立体的视觉形式呈现出来。

风之灯装置由贾森·布吕热工作室设计，这家位于伦敦的事务所致力于创造互动的艺术作品或装置设计。该工作室开展过很多关于环保问题和再生能源利用的项目。荧光灯广场就是一个与风之灯发光装置相似的设计。该设计位于英格兰西南部的城市普尔（Poole），成群的荧光灯位于摇摆的灯柱上，形成海岸线的一道风景，向人们展现未开发的海洋风能的力量。另外一个位于威尔士阿贝拉范（Aberafan）的装置则是将一系列的风涡轮，间隔地沿着海岸排列。彩色的 LED 灯嵌在涡轮叶片上，形成光的漩涡，模仿风力发电的灯塔和指路灯光的形态。

名为石蕊（Litmus）的装置在 2005 年完成，它包括四座雕塑形态的塔，伫立在伦敦黑弗灵区（Havering）的一个交通环岛上。每一座塔都用太阳能或风能发电的 LED 灯组成矩阵，展示其产生的巨大的能量、照明的质量、交通流量和附近沼泽的潮起潮落。这项设计意在让那些龟缩在驾驶室、与周边环境隔绝的司机们了解到周围自然环境的信息。

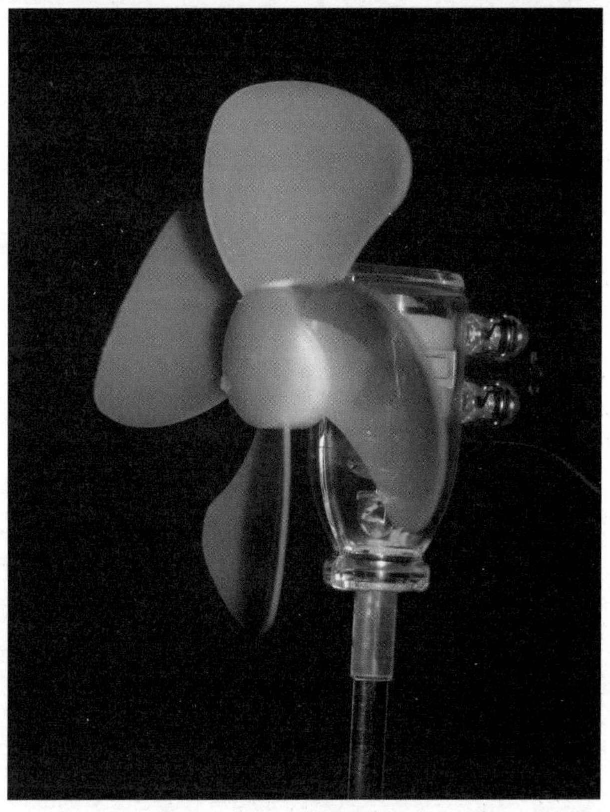

镜片枝形吊灯

时间：2007 年
设计师：斯图尔特·海加思

镜片枝形吊灯直径 1.5 米（5 英尺），由超过 3000 个废弃的配装眼镜镜片组成，围绕着中心一个标准的荧光灯灯泡。这些镜片用尼龙绳悬吊在顶棚的网格上。

照明设计师斯图尔特·海加思为“垃圾中的奢侈品”展览设计了这件吊灯，该展览于 2007 年 9 月在伦敦举办，向人们展示了那些看似华丽、却是用废弃的或便宜的材料制作的作品。海加思的很多设计作品都是他对拾得物品的辛苦组装，发现并重新赋予废弃物品新的生命与美丽。和其他同类型设计师一样，海加思并不认为自己是“绿色”设计师，尽管他的作品经常包含着对环境问题和当代价值观的强有力的叙述。海加思从英国一家慈善机构购得这些镜片，该机构将这些镜片卖给发展中国家，因此可以说，这个吊灯的设计也包含着对于全球不公平医疗的警醒。

海加思的潮汐枝形吊灯（Tide Chandelier）也与此类似。它在 2005 年被创作出来，记录着英格兰东南部肯特郡邓杰内斯海岸被冲刷上来的人为垃圾碎片。两年多的时间里，海加思将海岸边的垃圾拾起，并进行分类，保留了小片的、半透明的（且大部分是塑料的）那些，该设计成为他的限量版枝形吊灯。每一个潮汐吊灯直径 1.4 米(4 英尺 7 英寸)，大致包含 1100 个物体——其中有瓶子、太阳镜、海滩玩具和工业配件，大约花去了一周的时间将它们组装完成，其中并不包括收集和清洗废品的时间。所有物体悬挂在一个球形的支架上，海加思称其为月亮，控制着海潮的起落。

一次性物品枝形吊灯（Disposable chandelier）是海加思的另一件作品，它是一个高 2 米（6 英尺 7 英寸）的圆柱，由 416 个废旧塑料透明酒杯环绕在一个粉色的荧光光源周围。而“灯罩家庭”（Shadey Family）则是一系列由废弃的、失配的玻璃灯罩组成的吊灯设计。

火焰灯

时间：2007 年

设计师：吉塔·克施文德纳（Gitta Gschwendtner）

火焰灯是另一件提倡使用节能 CFL 的作品。居住在伦敦的设计师吉塔·克施文德纳为名为“又一次，十个”（10 Again）的展览设计了这件作品。该展览在 2007 年 9 月的伦敦百分百设计贸易展销会上，展出了 10 位设计师的环保作品。

消费者并不情愿使用节能灯泡，克施文德纳认为这很大程度上源于 20 世纪 70 年代石油危机时，上一代人使用节能灯时的不愉快经历。那些灯泡又大又丑，散发着昏暗的、闪烁的灯光。克施文德纳以此为起点开始了自己的设计。

火焰灯旨在向人们展示最新的 CFL 灯泡，拥有良好的光照质量，且本身也十分吸引人。用酷似烛光的 CFL 灯泡模仿蜡烛的效果，克施文德纳设计了一个系列的十个灯泡，每一个都代表着更加传统的发光方式。在克施文德纳的作品里，这些像火焰一样的灯泡被放置在蜡烛里、一组煤块里、一堆木头里、一个油桶里或是一捆纸卷里。这个设计理念在于向人们展示，用节能灯泡不仅能够节约使用不可再生能源，也可以同时产生与传统方式相同的照明质量。

羽毛节能灯泡

时间：2007 年

设计师：尼古拉斯·鲁普

为什么节能灯管那么不好看？英国技术品牌豪格的设计师尼古拉斯·鲁普就以此入手开始了这项设计。他认为，如果节能灯泡更加美观的话，消费者会更乐意购买。

CFL 和荧光灯管工作原理类似，一个长长的灯管按比例缩小后折叠或弯曲成型，这样它就可以放入标准的电灯灯罩中。然而，球形的荧光灯灯泡被认为是日常设计中的典范，而并不美观的圈形或螺旋形 CFL 灯管则不被大众所钟爱。

羽毛灯泡项目旨在让 CFL 本身变得更加吸引人，而不仅仅只是人们出于道德目的所购买的产品。品牌名为羽毛，源于鸟类的翅羽——装饰性的羽毛并没有任何实际的功能（就是说，它们并不能帮助飞行）——并且它也指鲁普其他设计中具有羽毛形状外观的产品。羽毛概念的设计——鲁普正在为此寻找制造厂商——还包括雕塑状的花结、扁平的酷似绸缎的灯管，以及类似原子图的球体。

CFL 灯泡如今是一个颇有争议的话题，尽管它比白炽灯节能 60%，使用寿命也长，但人们仍然担心它较差的照明质量和其中的有害化学物质。CFL 灯泡中包含混合的惰性气体、汞蒸气和磷。当电流通过气体和汞的混合体后，产生等离子体，进而产生紫外线光，让磷变为荧光体，发出光照。除非适当地回收，否则灯泡中的汞会泄漏到垃圾填埋场的土地里，而灯管里的电路也是很难再利用的。尽管如此，随着 2009 年英国的一部无偿协议的实施（见第 16 页汤姆·迪克逊的吹塑吊灯），很多国家还是计划逐步淘汰普通荧光灯。

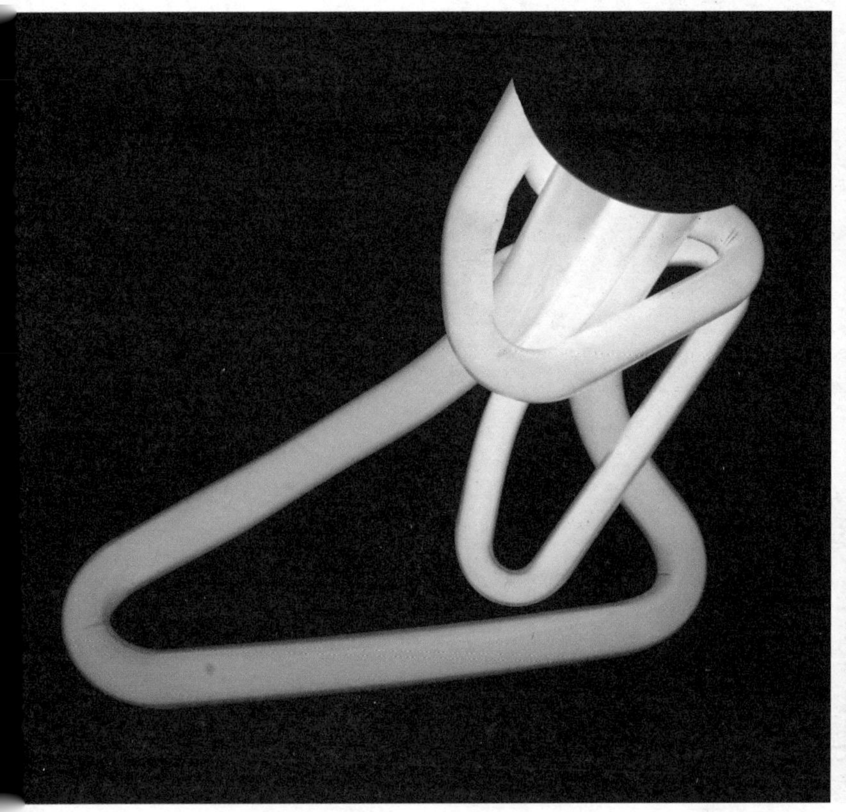

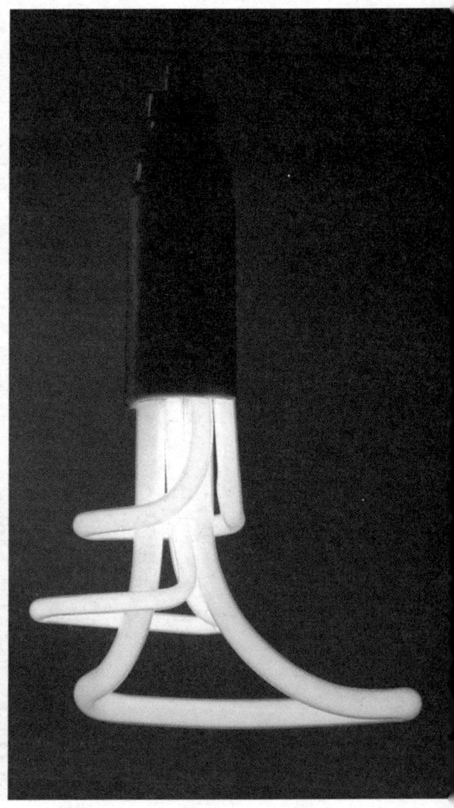

跨越塑料

时间：2007 年

设计师：坎帕纳兄弟 – 温贝托·坎帕纳与费尔南多·坎帕纳（Humberto and Fernando Campana）

跨越塑料是一个大型的系列产品设计，由巴西顶尖设计师温贝托·坎帕纳与费尔南多·坎帕纳兄弟于 2007 年设计。这个系列的作品包括照明设计和家具设计，向人们表达了从人类环境中索回自然的概念。这项设计融合了两种独特的材料——废弃的塑料物品，例如花园椅和贮水器，以及一种名为“这里”（Apuí）的天然纤维。“这里”与坎帕纳兄弟所编织的一个幻想故事有关，又同时带有着环境保护的意味——“这里”依靠着塑料，进而压倒塑料，创造一种奇怪的混合形式，一部分是天然的，另一部分则是人造的。

“这里”这种纤维来自一种巴西热带雨林的藤蔓，它们缠绕着树木生长，最终让树木窒息并死亡。因此，它是一种比喻，比喻自然界某一物种变得比其他更加强大时带来的毁灭。收割这种纤维材料则是一种有益的尝试，帮助保护雨林中的生物多样性。由于收割完全依靠人手，因而树木不会遭到破坏。

坎帕纳兄弟用这种纤维模仿着雨林中发生的一切，将它编织并包裹在塑料部件外，形成一种奇怪的、主体被部分吞并的混合体。

在这个跨越塑料系列中还有两件照明设计产品：一个用的是塑料贮水器，另一个则是白色塑料球。贮水器堆叠起来，用编织起来的“这里”连接在一起；而塑料球成了一件更大更有机的物件，兄弟两个描述其为“流星”。很多个内部包含光源的白色塑料球形成一个巨大的、波动的“这里”景观，有的设计成站立式的，有的则挂在顶棚上，就像是柳条编织的云朵。

这一系列的设计从温贝托·坎帕纳探索如何利用曾经收集而来的废弃贮水器开始。跨越塑料的设计作品全部是手工制作，由那些用“这里”进行创作的熟练工匠们共同制作而成。

别人家的垃圾

时间：2006 年
设计师：希思·纳什

在南非卡普镇（Cape）的旅游礼品店，满满的都是旧物改造的纪念品，其中包括用废弃易拉罐和瓶盖做成的产品。还有一些当地手工艺人用电话线或者细钢丝线编织成的花瓶或者碗。这些物品大部分来自于城市周边的大型窝棚区内的手工艺品合作社，这类合作社提供急需的就业机会。很多合作社都是公益性的，帮助那些残疾的工人或是为国内暴力冲突和艾滋病的受害者提供避难所。

当地的手工艺人最早开始利用废弃垃圾或是工厂边角料作为原始材料仅是因为它们是免费的，又足够的多，不过由于回收再利用的物品具有生态证书，因而逐渐成为时尚，这类手工艺品也开始成为艺术品而非仅仅只是旅游收藏品。

卡普镇的设计师希思·纳什是当地这种风潮的引领者，使用乡土的手工艺技法设计灯具或是其他物品，做成一系列作品，他称其为“别人家的垃圾”。纳什经常使用废弃的塑料水瓶，比如牛奶瓶和清洁产品包装用的亮彩色容器，他从回收废品中心收集到它们。然后把它们彻底清洗干净，把瓶顶和瓶底剪去，压成平整的薄片，然后再裁剪、整形成花状的灯罩片。纳什用自制的打孔机和锤子给这些花状和叶状的薄片打孔，用线绳把它们穿起来。他同时也用那些塑料瓶盖进行创作，比如做成地毯，或是和编织起来的线绳一起做成烛台，等等。

和很多卡普镇自学成才的手工艺人不同，纳什有艺术教育的背景，曾在卡普大学里学习雕塑。现在，他雇用了五个人与他一起工作，并且已经建立起了国际声誉，在全世界展出他的作品。

healthy

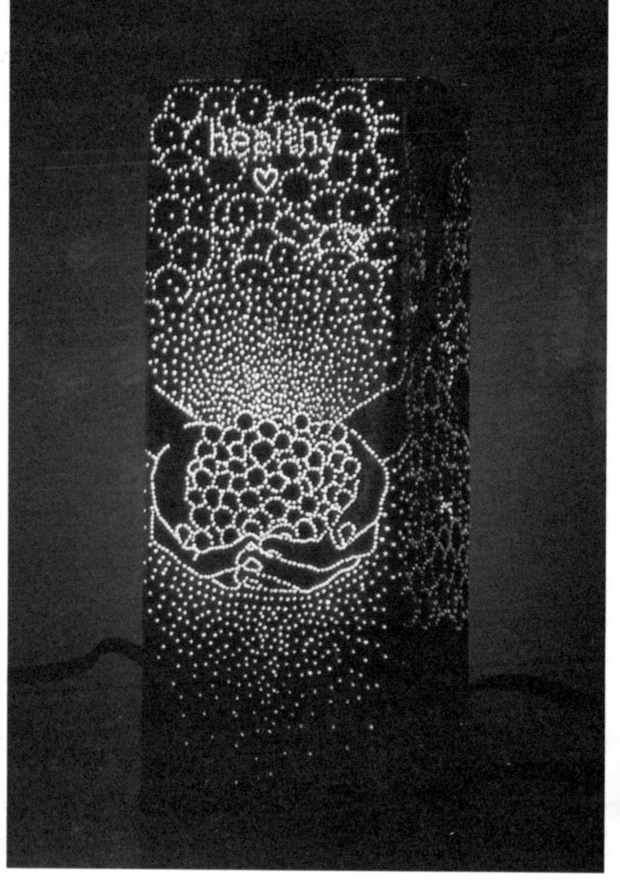
healthy

包装盒灯具

时间：2007 年
设计师：安克·魏斯（Anke Weiss）

为了设计这个系列的照明产品，荷兰设计师安克·魏斯使用废弃的洗衣粉包装盒、果汁纸包装、饼干盒等，仔细地描摹图案中的元素，并用针在表面上一点点扎穿，形成小孔的排列。然后她将光源放在包装盒里，让光线从这些针孔中散发出来。

这个极其简单的想法意在向人们展示那些被人遗弃的物品最终也可以变成崭新的漂亮的产品，而不是被人扔掉。除了回收再利用了废弃的包装，包装盒灯具的设计同样很巧妙地将硬纸壳或是塑料包装盒上的印刷标志变成惊人的、美丽的、新式的元素。魏斯并没有完全照搬那些标志和图案，而是只强调了一些特定的包装设计的元素，引出与熟悉的产品大相径庭的、令人意想不到的图案组合。当灯光关闭时，包装盒看起来几乎没有变化，但是在黑暗的房间内，一打开开关，就形成了神奇的效果，而产品也几乎认不出来了。就像魏斯说的："包装盒灯具超越了它原有的内容，获得了神龛或图标一样的光照效果。"

很多其他年轻设计师，包括斯图尔特·海加思（见第19页），哈里·理查森（Harry Richardson）和克莱尔·佩奇（Clare Page，见第30页）、希思·纳什（见第24页），他们都是利用废弃的物品来创造新的作品。但这项设计和这些设计师不同的是，魏斯使她收集到的东西基本保持了完整，仅仅是用她的针进行自己的修改，而不是剪掉它们或与其他物品重新组合。

科巴台灯

时间：2004 年

设计师：哈里・理查森和克莱尔・佩奇 /Committee 工作室

Committee 工作室设计的科巴台灯是一个对传统标准台灯的颠覆性理念，也成了早期那些赋予废弃产品新生命的设计典范，而这种设计如今也成了设计师中的潮流。每一个台灯的垂直柱上都布满了小摆设，小摆设被钻了一个钻石大小的钻孔，穿过一根钢轴，在其顶端固定一个彩色的灯罩。

伦敦设计团队 Committee 工作室的哈里・理查森和克莱尔・佩奇设计这个台灯的一部分原因是为了开个玩笑，但也是一个对大部分当代设计光滑造型的刻意反叛。与其他同僚们一样，他们并不认为自己关注环保和再利用，尽管他们被广泛公认为绿色设计浪潮中的一分子，也被认为是新式废物利用时尚设计中的标志性人物。

每一个台灯并不是被随意组装起来的，而是精心地、巧妙地由物品组合起来，这些物品讲述了一个故事或者提出了某个主题，并且每一个台灯都有着独特的名字。比如，“偷猎者”表现了一个神秘的英国郊外景象，包括一个雪貂、一个观赏茶壶、一只小的银色打猎靴和一个塑料的绿篱机（最左图）。再比如“山中救援”邀请你创造属于自己的超现实的、童话一样的故事：一个白色的陶瓷高跟鞋精确地平衡在一大块塑料石头上，而一个东欧的农民娃娃横躺着压在一个仙人掌和一个粉色的大象中间（左图）。在这个组合体上面是一个小的匈牙利茶壶，上面印着的图案是一个乡村姑娘在收音机上舞蹈。

理查森和佩奇穿梭在二手市场和跳蚤市场之中，仔细进行搜索，主要是在不由政府管理的德特福德（Deptford）市场，那里距离他们在伦敦的事务所不远，在那里寻找他们不同的材料，选择不值钱的东西，比如一只鞋子或是破损的玩具，但偶尔也会花上大笔的钱购买那些吸引他们眼球的相对昂贵的古董。

太阳能芽苞

时间：1998 年
设计师：罗斯·洛夫格罗夫（Ross Lovegrove）

市场上销售着很多太阳能室外灯具，但太阳能芽苞却是这里面的第一个，也是至今最典雅的之一。太阳能芽苞是一个半透明的、蘑菇形状的灯具，放置在插入地面的杆子上。它由英国设计师罗斯·洛夫格罗夫为意大利照明品牌卢奇普兰（Luceplan）所设计，在 1995 年至 1998 年期间研发，并为这类产品建立了标准。

太阳能芽苞的灯罩是用成型的、抗紫外线的透明聚碳酸酯制成，其部件用超声波焊接起来，保证其防水性。灯罩内，摆放着一排微型光伏电池和高效 LED 灯泡。立杆是用磨砂铝板做成的管状物，里面包含镍镉电池，可以在白天的时候储存电能，在夜晚时发电。光照感应器则会在夜晚自动打开该照明产品。

像太阳能芽苞这样的产品只能发出很少的光能，更适合作为室外的装饰灯具，但它们却有一个优势——不需要布置线路或是进行维修。洛夫格罗夫称这个作品是一个意向声明，来唤起人们对生态问题的意识。

太阳能树

时间：2007 年

设计师：罗斯·洛夫格罗夫

威尔士工业设计师罗斯·洛夫格罗夫的这件作品具有有机的形态，灵感来自自然的生长过程，例如植物的生长、水的流动和 DNA 的结构。在照明设计领域中，洛夫格罗夫多年来一直在进行着对太阳能产品潜能的探索，尝试将光伏电池与产品结合，其形式来源于花朵、芽苞和树木的形态，而不是像太阳能照明工业的常用做法，简单地将太阳能板嵌在已有的产品中。他在这个领域的先锋作品，包括太阳能芽苞，一种已投入市场的园林灯具（见第 31 页）以及一种概念性的太阳能汽车（见第 166 至 167 页）。

太阳能树是一个大胆的尝试，开发了一种新型太阳能路灯。它于 2007 年由洛夫格罗夫设计，当时它只是被临时安置在奥地利维也纳 MAK 当代应用艺术博物馆前的大街上。这个宏大的计划意在向人们展示路灯也可以变得像雕塑一般，并不只是简单的、功能的设计，同样也可以作为一个电力网络的提供者，而不只是一个消耗品。

该项目受到 MAK 博物馆的委托，博物馆要求设计师设计一件既环保又具有社会效应的作品。洛夫格罗夫与意大利著名设计品牌阿特米德（Artemide）、太阳能技术公司夏普太阳能（Sharp Solar）一起，用新的造型技术设计了这个像树一样延伸出钢架分枝的形式。10 个分枝顶端是透明的片状一样的结构，在其上表面装置着光伏太阳能板，里面装有光源。其他分枝的顶端则直接安装有刺点一样的光源。

太阳能树不仅结构优雅，其内部还安装了充电接口，供行人为他们的手机和笔记本电脑充电。

太阳罐

时间：2006 年

设计师：托比亚斯·翁（Tobias Wong）

现如今，微型太阳能景观灯既便宜又随处可见，它们可以在白天充电，在晚上发光。它们通常是由包含有光伏电池的 LED 灯泡组成的玻璃灯，并且安装在一根插入地下的杆子上（见罗斯·洛夫格罗夫的太阳能芽苞，第 31 页）。

美国设计师托比亚斯·翁用这种在产品中普遍应用的技术，把它们放置在标准的梅森（Mason）玻璃罐中，创造一种非常独特的，甚至是极具诗意的作品。太阳能罐是一个家用的夜灯，像是旧时的蜡烛或是灯笼。LED 光源封装在玻璃罐内，发出暖调子的橘黄色光线，就像蜡烛的亮度一样。第二个方案放置的是蓝色灯光,并命名其“月亮罐”。

梅森玻璃罐是一件带有密封盖的厨房用品，其用途例如水果的储存或腌制。翁利用的正是这种市场上可买到的有拉盖盖子和橡胶圈的玻璃罐。它的密封圈是防水的，这就意味着，这个灯具同样可以在室外环境中使用。磨砂的表面使光线模糊地扩散开。

罐子需要放在阳光直射的地方——在室外或是在阳光充足的窗台上——整个白天为电池充电。当它完全充上电之后，可以持续发出五个小时的光亮。当天色已黑，日光感应器可以自动地把灯打开，同时它也带有一个手动调控的开关，让使用者自己关灯以保存电池的能量。

便携式照明产品设计

时间：2005 年
设计师：肯尼迪 & 维奥里奇建筑事务所

先进的照明技术意味着可以将微小的电光源嵌入到纤维之中，形成光的“薄片”。最新发明的可塑式光伏电池也可以简单地装在纤维之中。便携式照明产品设计就是一种创造性的探索，将上述这两种技术结合起来，用以帮助生活在没有电力的乡村地区的大约两百万居民。

这项设计在 2005 年密歇根大学的“游牧民族与纳米技术”课程中开展，该课程将设计、技术和社会活动结合在一起。在这里，来自肯尼迪 & 维奥里奇建筑事务所的客座教授希拉·肯尼迪（Sheila Kennedy）和弗拉诺·维奥里奇（Frano Violich）让学生探索将 HBLED（高亮度发光二极管）与光伏技术编入纤维和布料的方法，这样灯具就可以在白天储存太阳能，在夜晚发出足够利用的光亮。

为了这项研究，老师们和学生们拜访了惠考尔（Huichol）民族。这个民族是从阿兹特克（Aztecs）民族传承下来的，生活在墨西哥马德雷山里崎岖的、偏远的地区。在这里，学生们设计了许多产品的原型，这些产品将光伏技术和 HBLED 放入惠考尔传统的物品当中，包括干粮袋、垫子和雨棚。每一件物品都能在白天储存太阳能，然后在夜晚，物品的形状被改变作为光源来使用。

这个创意并不是把这些产品卖到惠考尔，而是让消费者买来电器元件，自行把它们编织在纤维中，用传统的技术和材料，这样保证这些新的物品是扎根在当地的文化之中。

这些原始方案不久后精炼成了一个阅读垫的设计概念。这个垫子可以让惠考尔的孩子们在天黑之后学习。垫子可以卷起来运输和存储，充电五个小时后可以提供四个小时的发光时间。HBLED 发出 160 流明的光照，足够用作舒适的阅读照明。

便携式照明产品设计在 2007 年纽约的库珀·休伊特（Cooper–Hewitt）博物馆的“为剩余的 90% 而设计”的展览中展出。

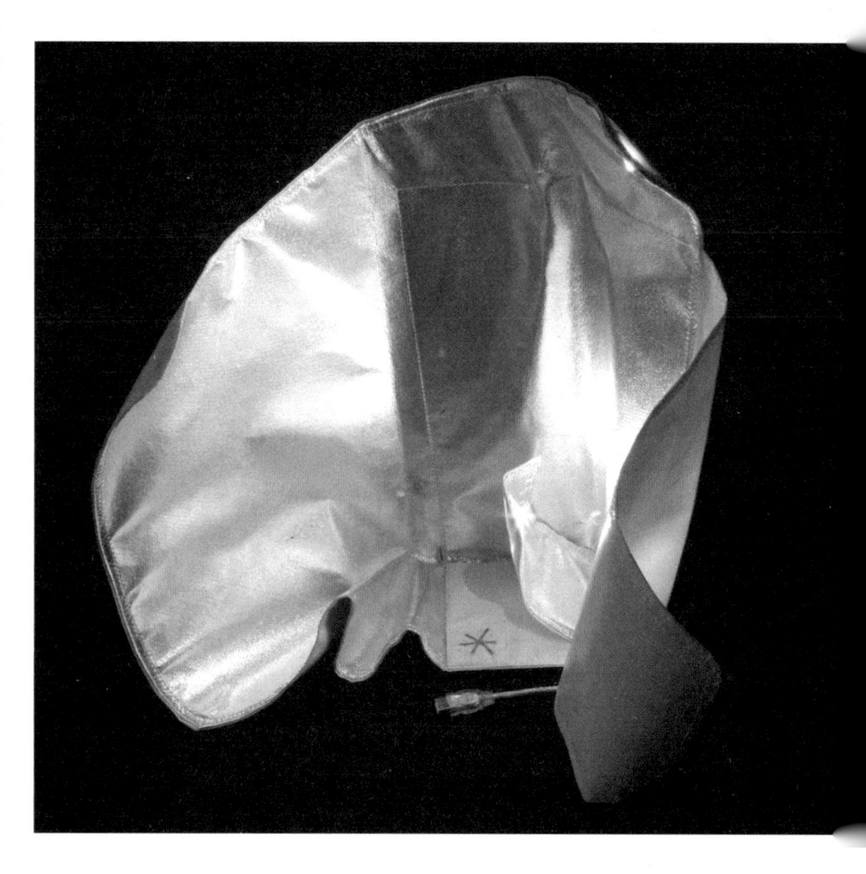

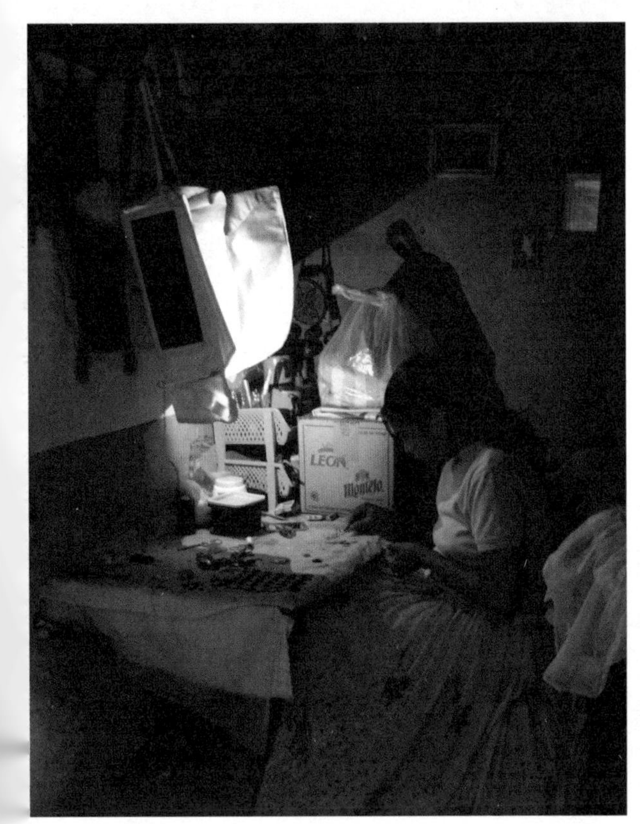
LEON

夜晚的日光

时间：2005 年
设计师：丽贝卡·波特格（Rebecca Potger）

“夜晚的日光”灯具和其他如今已在市场销售的太阳能电灯用的基本是同一项技术，但可以翻转的特点让它变得极为独特。产品的形态来源于传统的床头台灯，材料是磨砂半透明的聚乙烯，以 LED 灯泡作为光源，而太阳能则是通过单晶光伏电源储存在锂电池之中。灯具应用了一种名为 TSA 升压转换器的技术，使得太阳能电池输出达到传统电池三倍的电量。灯具是防水的，因此可以放置在室内或户外。它在室外夏日的阳光下充电 10 小时就能提供 40 小时的灯光。

使“夜晚的日光”灯具独特的地方在于，太阳能电池位于产品的底部，当它充电时，人们需要将台灯倒置。当它颠倒过来时，它就像一个花盆中的盆栽，象征着光合作用。当需要用该灯具时，重新将它翻转回来，这个动作就可以自动地打开灯光。

该台灯是荷兰设计师丽贝卡·波特格在她就读埃因霍温设计学院时所做的设计。如今台灯已由她的波特格设计公司所生产。

九十

时间：2008 年
设计师：肖恩·利特威尔（Shawn Littrell）

在 2008 年斯德哥尔摩家具展会上由挪威卢克索(Luxo)照明公司发布，“九十”被称为是“世界上最节能”的工作台灯。它只消耗6瓦的电量，设计使用寿命可达25年，“九十”是采用了新型LED技术的新照明产品之一，微小的半导体可以发出光芒，且比紧凑型荧光灯（CFL）更加节能。同时，不像CFL，LED也不含有有毒化学物质。它的光线是可调的，可以发出各种颜色，也可以排列起来形成不同照度不同色彩的光源。

“九十”台灯由美国设计师肖恩·利特威尔设计，仅使用了四个LED灯泡，根据生产商所说，每一个灯泡仅耗电1.5瓦，周围包围着反射镜，与早期的LED灯具相比，可以产生双倍的照明强度，照射在工作区域之内。低耗能的LED使得台灯的亮度即使达到最大值，台灯的顶部也不会发热。

照明设计师们认为LED是这个领域中革命性的技术，但是首先仍要克服很多的困难。LED的最大的劣势在于它的成本，不过其价格现在已在急剧下降。另一个劣势在于现今的LED技术显色性较差。不过照明企业有信心，这些问题可以通过技术的改进而得到解决。由于体型很小，LED灯泡还可以嵌入在其他物体表面。像英戈·莫伊雷尔（Ingo Maurer）就正在对LED墙纸进行实验。这类型的产品为照明设计的多样性改革提供了可能。

灯泡包装盒

时间：2007年
设计师：奥利维娅·梁（Olivia Cheung）

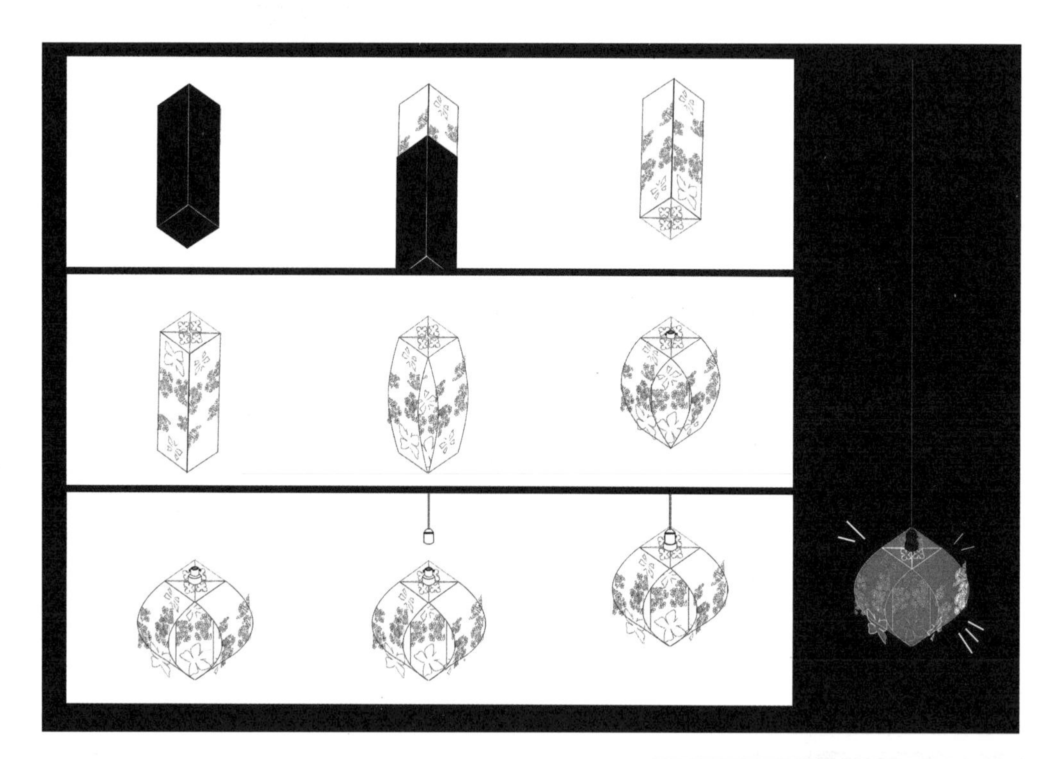

包装盒用来保护运输中的产品，并且使产品对消费者更加具有吸引力，但这种巨大的包装需求已经逐渐引起关注，尤其是包装盒经常在产品开封之后就被丢弃掉。设计师奥利维娅·梁通过灯泡包装盒的设计解决了这个问题。在这个概念性设计中，外包装可折叠成它所包裹的光源的灯罩。

本产品由一个节能灯泡放置在三个用镭射光雕刻而成的牛皮纸盒子内组成，三个盒子一个套一个，就像俄罗斯的套娃玩具。每一页纸一面印成红色，一面则是白色，上面雕刻了精美的花纹图案，不过三层牛皮纸有足够的强度保护内部的灯泡。

灯泡的卡口固定在包装的突出部分，当它卡入灯座时，包装盒便从一个矩形盒子转变成了球形形状，成为灯罩。三层牛皮纸形成灯泡周围网状的遮挡，而剪裁出的花朵形状则随着纸的弯曲变成了三维立体的图案。

出生在加拿大的梁在她就读英格兰布莱顿大学三维设计专业时设计了这款灯泡包装盒。

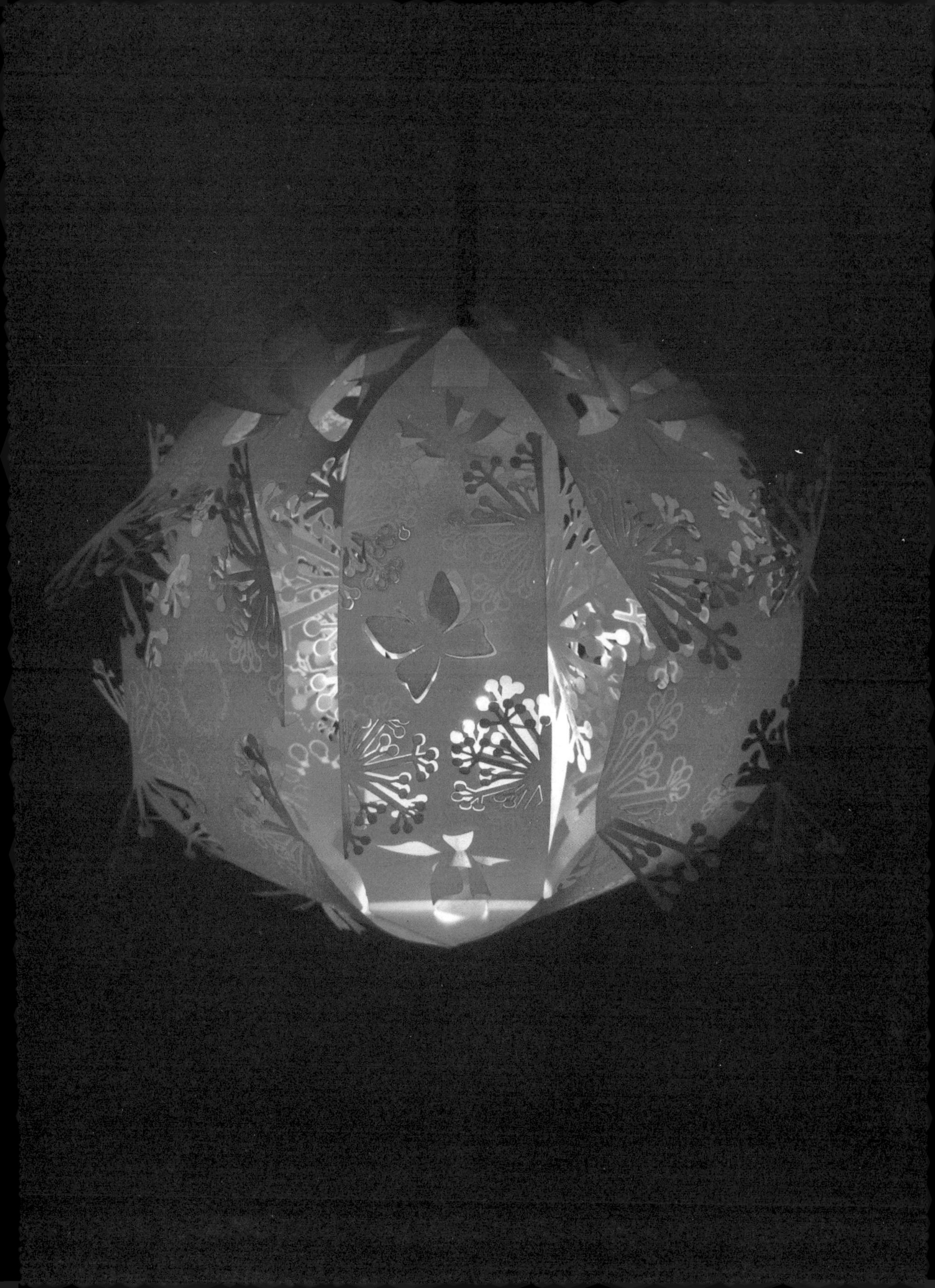

风之光

时间：2007 年

设计师：德美克斯凡设计团队（Demakersvan）

德美克斯凡是一群在埃因霍温设计学院相识的荷兰年轻设计师所组成的团体。他们从家乡的风车得到灵感，设计了这款风力发电的室外灯具。灯的设计是各种审美观的奇妙混合体，它的螺旋桨使人联想到早期的飞机，它细长的立杆和灯罩就像是传统的标准家用台灯，而它的帆织物的覆盖物使人想起帆船。

这件产品被称作“风之光”，由一个高达 2.4 米（7 英尺 10 英寸）的高质量照明灯和其顶部水平安装的螺旋桨组成。螺旋桨的直径超过 2 米（6.5 英尺），通过灯具内部的发电机为电灯发电。木质的螺旋桨和灯罩都用帆织物覆盖，突出了它与传统风车的联系（荷兰风车的特点就在于帆布覆盖的翼板）。

德美克斯凡设计团队的这个照明设计并没有投入批量生产，而是一个概念性的设计，就像其他产品一样，旨在促进讨论和探索室外照明产品的新式美学的可能性。不过，风力发电的照明设备已经在市场上可以买到，尽管市场上的这些产品看起来缺少像德美克斯凡设计团队的设计所具有的视觉美感。日本电器品牌松下电子生产了一种混合了太阳能和风能发电的路灯系统，名为“风之海鸥”（Kaze Kamome）。发光的圆柱上面同时装有垂直的风涡轮和太阳能板，它曾在 2004 年希腊雅典奥运会和 2005 年日本爱知世界博览会上安装应用。

像这样的混合动力系统已经由其他几家公司在市场上销售，例如香港的制造商——风能与太阳能技术有限公司，销售了一种只由风能发电的路灯：灯柱带有一个螺旋桨式的风涡轮可以在白天给电池充电。光感应器会在夜晚自动打开路灯，在白天关上路灯。这种产品不需要连接在电网上，因此使得路灯可以安装在世界上偏远的、正在开发的地区使用。

第 2 章　家居用品

在设计产业中，考虑道德的商业模式的出现成为最近几年最令人关注的趋势之一，设计师们和生产商们在寻找帮助全球弱势群体的方式的同时，又能在生产线上制造出具有高利润的产品。公平贸易运动的意图是通过为发展中国家的小型食品企业提供更好的交易。公平贸易运动日益兴起的真实写照是，设计师们开始细心思考他们的产品的生产方式中的伦理意蕴。

例如，最近关于服装工业剥削工人的丑闻，使消费者注意到，在西方国家能够买到的廉价产品大部分是由发展中国家的工人们在极端恶劣的环境下生产出来的。这个事实，连同与人们对纯手工物品的怀旧风潮，为一些企业打开了一扇大门，例如美国的家居用品品牌阿泰妮卡（Artecnica 见第 46,50,64 页）和丹麦公司马特尔（Mater，见第 58 页），它们都将社会发展的可持续性作为企业极为重要的组成部分。

通过“有良知的设计”系列，阿泰妮卡公司引领西方国家的设计师与发展中国家通过手工制造获得收入的工匠社团联合在了一起。这项开拓性的创新如今已经激励了其他的公司参与进来，像意大利家具品牌坎佩利尼（Cappellini）也在 2008 年开展了一项类似的创新活动，名为“坎佩利尼的爱”。

与此同时，马特尔公司与中国、越南及印度的工厂

一起工作，但他们坚持认为供货商签署严格的环境和社会协议可以保证产品在生产过程中对于自然和本地社区尽可能产生最小的影响。于是，全球化从被许多人认为是对地方传统和生活模式的挑战，转而变成致力于将本土的手工工艺与特定产品的生产相结合，而设计师就是这里的媒介。

正如家具设计和照明设计领域的设计师一样，在家居产品设计中，对可循环材料的利用也成了如今的大趋势，例如克里斯蒂娜·米夏克（Christine Misiak）细心地修复了被丢弃的茶具，以及阿特勒埃尔事务所将废旧的洗涤灵瓶子转变为新的花瓶。它们所传递出来的广泛的设计理念就是曾经有用途的任何一件物品都可以产生新的用途，只需要运用一点点的技巧和想象力。没有任何一件东西必须被丢弃掉。

其中一些最有趣的产品是设计师观察贫困地区人民的智慧的结晶。阿特勒埃尔事务所的花瓶就是因为发现巴西棚户区居民把塑料瓶当作花瓶，还比如多西·列文公司（Doshi Levien）的水手冷水罐就是对高效陶器冷水器的演绎，这种技术在印度已经使用了几个世纪。也许现在人们已经慢慢意识到，为了放弃这种能源与资源高消耗的生活方式，我们西方人最好观察那些不如我们幸运的人们是怎样生活的。

透明玻璃

时间：1997 年

设计师：托尔德·伯蒂（Tord Boontje）和埃玛·沃芬登（Emma Woffenden）

和很多设计师一样，托尔德·伯蒂和埃玛·沃芬登在他们设计生涯早期因为没有钱购买新的材料而开始对废旧物品进行试验。荷兰设计师伯蒂在伦敦创办了工作室，其后又与他的合伙人，玻璃艺术家埃玛·沃芬登移居法国南部。

伯蒂如今已是一名在高级装饰照明和装饰产品领域十分成功的设计师，但在职业生涯的早期，他尝试利用便宜的、毛边的材料制作低技术的、简朴的产品。作品“透明玻璃”就是伯蒂在沃芬登工作室开始利用玻璃切割工具进行实验时产生出来的。他发现，他可以简单地应用玻璃切割机和砂轮机，将废旧的红酒瓶和啤酒瓶变为花瓶和容器。这样简单的技术创造出了无与伦比的美丽的产品，但又不会被轻易识别出它们是从批量生产的玻璃瓶而来，尤其是对最终成品进行了喷砂处理，形成了亚光表面。

最初，伯蒂和沃芬登亲自制作了透明玻璃的产品，发展成一个广泛的系列。在这之后，他们与美国的品牌阿泰妮卡进行合作，如今透明玻璃系列已经大规模进行生产，并成为“有良知的设计”系列（同见第 14，50，64 页）的一部分。该系列将西方的设计师与发展中国家的工匠们联合起来，试图将当地的工艺传承下来，并且帮助手工艺者生产高价值的产品，将其投放到全球的市场之中。因此，透明玻璃系列作品如今在危地马拉由手工艺者们生产。该项目由手工艺者援助协会帮助创立，支援全世界的工匠群体。

透明玻璃已被证明其巨大的影响力，而如今，许多其他设计师也在研究这种将废旧工业玻璃转化为新的手工艺品的技术。

tranSglass

灌木玻璃

时间：2002 年

设计师：阿尔努·维塞（Arnout Visser）和西蒙·巴特灵（Simon Barteling）

基坦吉拉（Kitengela）是一个位于肯尼亚首都内罗毕郊外的玻璃坊，坐落在内罗毕国家公园边界的草坪上。这里的玻璃艺术家——被称作是世界上唯一的马塞族吹玻璃艺人——在巨大的砖墙拱顶建筑下，利用蒸汽发电的玻璃熔炉，对 100% 回收来的破损窗玻璃材料进行改造。玻璃坊生产多种多样的产品，从装饰物到玻璃砖，并把它们在附近的画廊进行销售。

基坦吉拉由德国壁画家纳尼·克罗兹（Nani Croze）在 1979 年建立，以彩色玻璃坊为特色，是一个艺术家的群体以及一个“先锋者的家园”。其后，他的儿子，现在的基坦吉拉的掌管者安塞尔姆·克罗兹（Anselm Croze）又增加了玻璃吹塑坊，并且还添加了金属工艺和其他工艺的作坊。基坦吉拉的理念在于大量依靠回收材料，利用回收的石油为蒸汽熔炉加热，或是将纸浆制成纸砖用做建筑材料。每天熔炉里将熔化近 70 公斤（154 磅）的废旧玻璃窗，生产出一种低档的、不可预知的原材料，这些材料生产出的产品一般粗糙却有独特性。

荷兰设计师阿尔努·维塞与西蒙·巴特灵为了他们的“灌木玻璃”作品，从 2002 年起不断走访基坦吉拉，与当地的吹玻璃艺人合作，研制一种新的制造玻璃的技术，并生产出一系列产品。除了这些利用回收玻璃制作的产品，设计师和吹玻璃艺人也共同合作，将诸如可乐玻璃瓶等物品重新吹塑成花瓶或灯具，或者是将眼镜片焊接起来做成灯具。这些眼镜片是从西方国家运往肯尼亚的，是在本国不受欢迎的废旧眼镜上取下的。第一个工作坊最终生产了大约 50 个作品，这些都曾在内罗毕的一家博物馆中展出。

被翻新的轮胎

时间：2007 年

设计师：坎帕纳兄弟（温贝托·坎帕纳与费尔南多·坎帕纳）

21 世纪初，巴西设计师费尔南多·坎帕纳与温贝托·坎帕纳在国际上依靠他们的家具设计作品拥有了卓越的成就。他们的设计来源于其家乡圣保罗贫民的简易创作。他们最著名的作品“贫民窟椅”就是一把利用成百上千的木材边角料设计的扶手椅，像是专门的贫民窟避难所，用废弃的木材进行组装；而他们的“寿司椅”则用几百条不同种类的布料制作而成。他们的作品拥有极强的影响力，使得相对混乱的、家庭自主设计的美学成为现实，而事实上坎帕纳兄弟的作品并不真正关注于环保回收。更确切地说，他们带来了再生的美学：“贫民窟椅”事实上由新切割出来的木板做成，而“寿司椅”的布料则是他们从布料批发商那里直接购买的新产品。

但是，随着他们的“被翻新的轮胎”设计的产生，坎帕纳兄弟尝试把注意力放在环境和社会发展可持续发展的问题上。受到委托，兄弟二人参与了美国品牌阿泰妮卡创办的“有良知的设计”项目（参见第 14，46，64 页），并为其设计了一系列的钵，利用丢弃在越南垃圾填埋场和倾倒场的废旧小轮摩托车轮胎，制作成钵的边缘。同时，钵的内侧由越南工匠使用当地的传统工艺编织柳条而成。这样，作品既重新利用了废弃材料，又给当地的熟练手工艺人提供了工作。

该设计在 2007 年首次发布，却引起了人们对其真实性的怀疑，因为它的第一件样品——以及呈现在公众面前的照片——似乎是由全新的轮胎做成的。不过，设计公司和设计师们很快指出，这些只是在巴西制作出来的原型样品；他们保证，最终生产的版本就是真实地用越南的回收轮胎制作而成。

绿色环保圣诞树

时间：2007 年

设计师：布罗·诺思公司（Büro North）

2007 年，澳大利亚设计公司布罗·诺思开始设计一款产品，本产品更加绿色，替代那些由传统的圣诞树工厂提供的产品，而那些产品被看作是浪费且有害的。根据全美圣诞树协会的调查，每年，仅是在美国，就有将近 3500 万正在生长的冷杉要被砍伐并运输到圣诞节市场上，而这些树最终会成为垃圾填埋场里的垃圾——尽管协会也同时声明，在美国栽种圣诞树的 50 万英亩地，平均每英亩每天为 18 个人提供充足的氧气。

布罗·诺思的解决方案是制造一种用多层板制成的可重复使用的人造圣诞树。他们的设计采用相对低耗能的数控雕刻工艺，雕刻当地人工造林的松木；它能够平整包装，保证更高效的运输，以及在每年的其他时间内便于储存；同时，产品可以被一次次地利用，而不像是真正的树木只能使用一次。

他们声称，该产品比真正的圣诞树“多环保 80%”。他们用一份 9 页的生命周期评估（LCA）结果证实了他们的说法，该评估用了五年多的时间将他们的圣诞树与传统圣诞树进行比较。在对五棵真树的生长、运输、零售、储存和废弃处理周期的评估后，LCA 计算出，多层板制作的树所产生的固体废物比传统圣诞树产生的少 5%，仅用其三分之一的水量和需要的能量，并且只产生其五分之一的环境变化影响。

布罗·诺思也同样用了五年多的时间，测算了他们制造的、在生产和运输中只产生相对较小量的二氧化碳排放的圣诞树，其二氧化碳排放量等于 0.004 棵树生长至成熟的排放量。在生产多层板过程中所需要的能量仅等于一个普通澳大利亚家庭一天所消耗能量的三分之一，耗水量等于一个普通淋浴器的 0.7 倍，而产生的固体废物仅等于一个家庭垃圾箱中垃圾的 3%。

该产品圣诞树的高度有 40 厘米（16 英寸），93 厘米（37 英寸）和 230 厘米（91 英寸）三种尺寸。但是，由于其设计费之高，使该产品比传统圣诞树要更加昂贵。

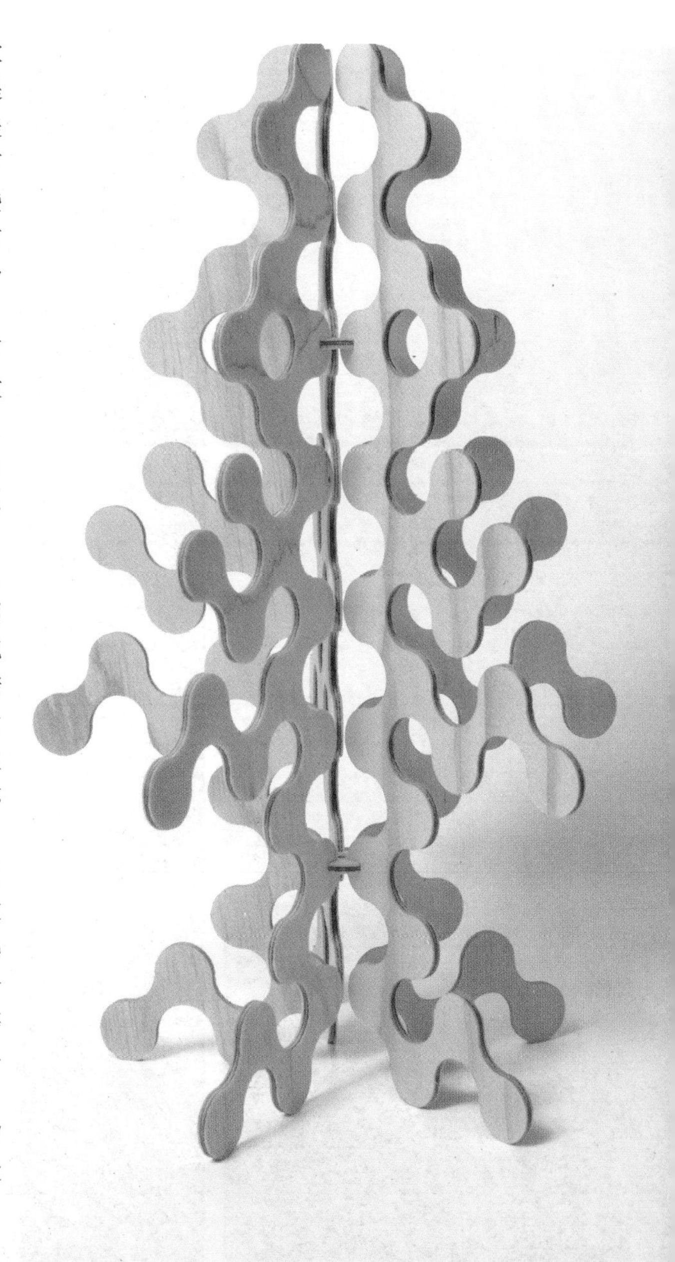

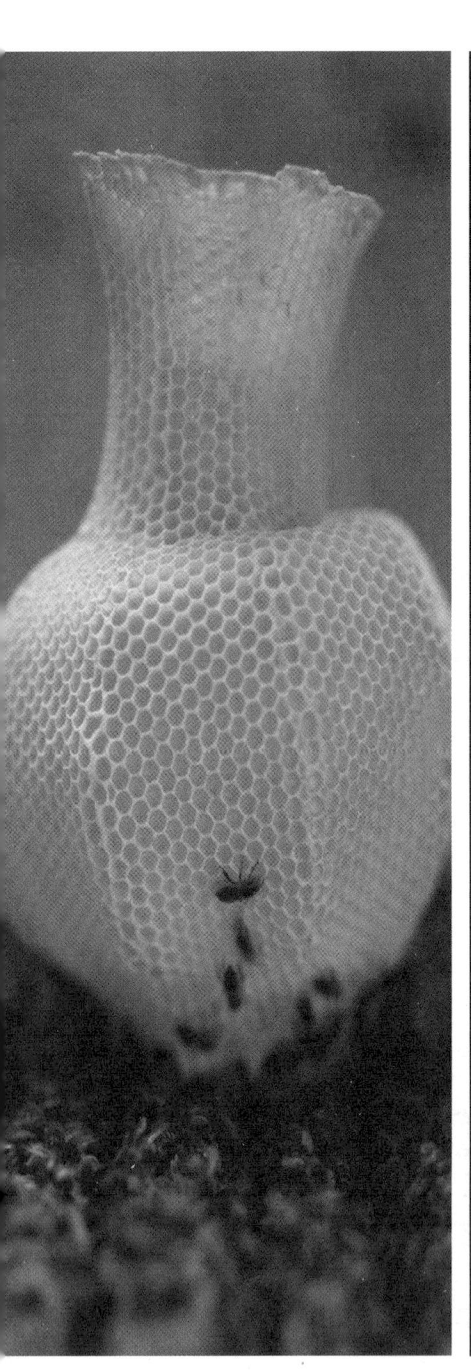

蜂巢花瓶

时间：2006 年

设计师：托姆沙・高布扎蒂尔・利贝蒂尼

蜂群经常被类比为一个工厂，工蜂采集哺育幼虫的花粉和花蜜，并作为原材料将其转化为可供成年蜜蜂食用的食物来源。蜂蜜和花粉都储藏在六边形的、由蜜蜂分泌的蜡所组成的蜂巢单元之中，一直到它们被食用为止。

来自利贝蒂尼工作室、出生在斯洛伐克的设计师托姆沙・高布扎蒂尔・利贝蒂尼就致力于利用蜜蜂蜂窝的形式制造一系列惊人的花瓶，名为“蜂巢花瓶”。他有效地利用蜂窝作为生产这件产品的“工厂”。为了制作花瓶，利贝蒂尼首先用蜂蜡片制作了一个原始的花瓶形态，其表面覆盖着六边形花纹的突起单元。花瓶接下来被放置在蜂窝内，放置大约一个星期。在这段时间内，蜂群里的蜜蜂就会在花瓶的表面建造蜂巢，并且利用这些镶嵌的六边形形状作为样本蓝图。

利贝蒂尼称这个过程为“慢速成型”—— 每一个花瓶要花费 4 万只蜜蜂一周的时间来制造。因为蜜蜂一旦被打扰就会变得攻击性极强，利贝蒂尼需要去预测取出花瓶的时间。每一个花瓶都是绝对独特的，并且利贝蒂尼利用不同地区的蜂窝进行实验，发现每个地方生产出来的花瓶都有其独特的颜色和气味。因此，这些花瓶实际上就是它们所处环境的产品，并且，因为蜜蜂采集花粉和花蜜，在植物授粉过程中扮演重要的角色，花瓶的造型也被认为对环境起到了有利的作用。蜂巢花瓶因此被认为是“从摇篮到摇篮”的生产形式的榜样。

蜂巢花瓶在 2007 年 4 月的米兰家具展上首次被展出。利贝蒂尼不知道，就在那时，美国的媒体正在报道蜜蜂种群数量原因不明的突然下降。这些花瓶因此又增加了一个意料之外的文化意义，用来提醒观察者们记得这些制造了花瓶的神奇而又危险的生物。

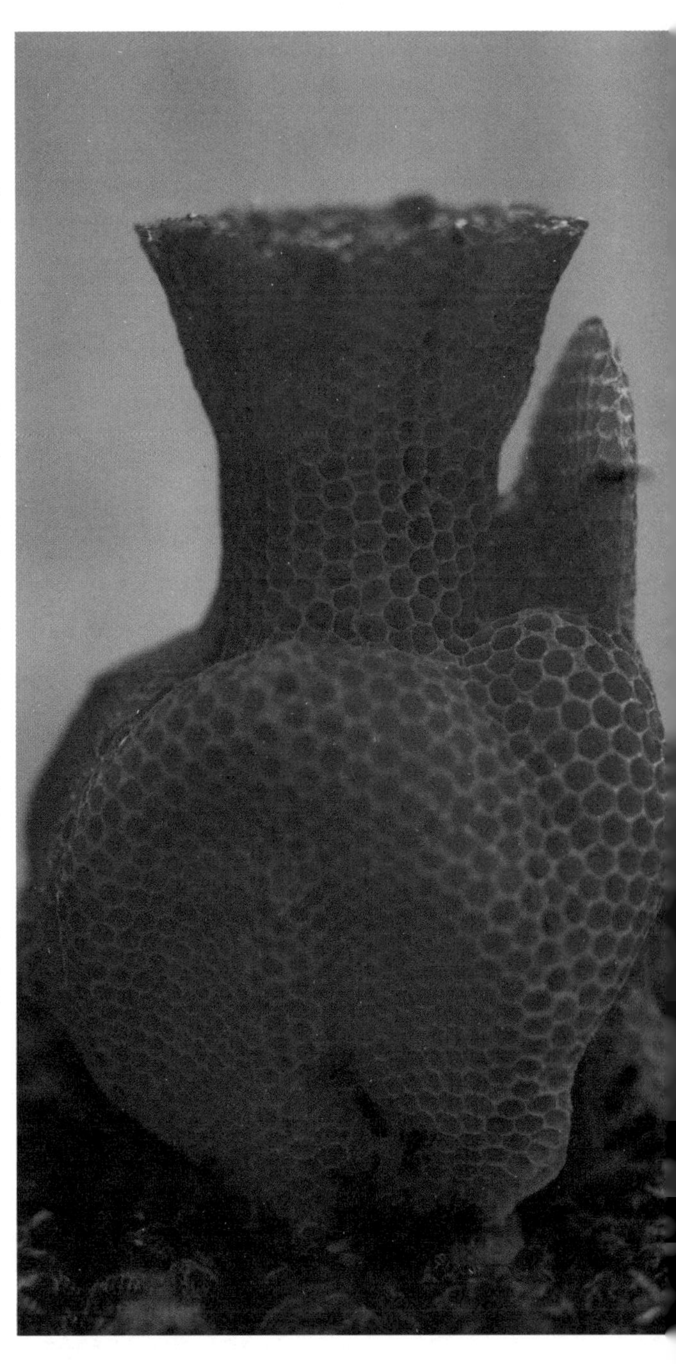

有额外用途的毛巾

时间：2007 年

设计师：新见拓哉（Takuya Niimi）与新见由纪子（Yuki Niimi）

很多现代的产品只有有限的使用寿命，在它们有了磨损的印迹之后就会被抛弃或替代。在过去则相反，物质的短缺或者缺少购买新物资的财富迫使人们更聪明地找寻磨损物品的再利用方式。

“有额外用途的毛巾”由日本设计师新见拓哉与新见由纪子设计，试图通过创造一件在未来可以有多种用途的物品，来克服现在的浪费。产品最初是一件编织了网格图案的大浴巾。这种网格图案暗示着浴巾可以在以后被裁剪成小块，随着织物上绒毛逐渐磨损，它首先变形为一个浴室防滑垫，然后变成保洁布。沿着这些织物上的画线剪裁，这样，毛巾的新的小块就不会磨损，看起来像是刻意做成的而非随便利用的。

这个理念由浴衣（yukata）而来，这是一种日本人在夏天都会穿着的休闲和服，在传统日本客栈洗浴完后，浴衣会经常磨损。就像那些更加正式的和服一样，浴衣上有直线条的接缝和宽松的衣袖，但通常由棉制成。一旦衣物时间长了变得破损，日本人传统上会将老旧的浴衣剪下来，变成尿布或是地板清洁布，增加织物的使用寿命。虽然这样的设计并不新锐，但它鼓励人们珍惜自己的物品，并且用创造性的方式避免了浪费，是一种修补修补将就用下去的态度，尽管这种态度很少被商业中的产品所鼓励。

“有额外用途的毛巾”在 2007 年获得了无印良品奖的金奖，日本的生产商奖励这种新产品的简单创意，这些产品虽然很容易被生产出来，却展示出了一种杰出的创造性思想。

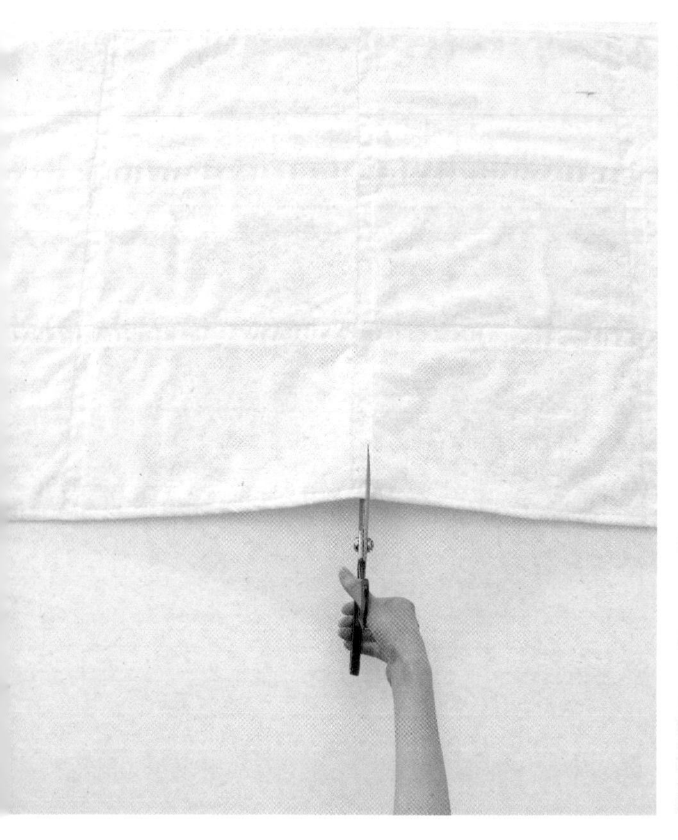

茶具套装

时间：2007 年

设计师：克里斯蒂娜·米夏克

该项目由波兰设计师克里斯蒂娜·米夏克设计，套装里面包含一组可爱的重新设计过的废旧茶具，探索英国消费者与产品之间正在发生变化的关系，这正是如今她的设计的立足点。在英国，由于茶叶的昂贵，金属茶具最初是作为高地位的象征来使用的。沏茶是一个重要的社交礼仪，破损的茶壶、糖钵和牛奶罐并不会被丢弃而是小心地被修补。但是，社会秩序的改变和廉价的大规模生产产品的出现，使得如今这些茶具——和其他大多数消费品一样——在破损后被丢弃或替换。

米夏克开始解救那些来自于旧货市场和跳蚤市场的旧的、缺损和磨坏的金属茶具，细致的把它们重新制作成手工艺术品。她用新的元素重塑这些旧茶具，并在表面涂上当代色彩，使得这些茶具再一次变为可使用又吸引人的产品。根据这些茶具收集的过程，它们的颜色里也暗含着秘密。对于绿色的茶具，米夏克取下旧茶具上仍可以用的把手和杯座，将它们洗干净后加上新的金属杯体。制作完成的茶具全部镀上银，然后将部分地方喷上绿色。橘黄色的茶具强调这个茶壶的把手在当初米夏克发现它时已经丢失，因此她加上了新的把手。黑色的茶具曾经表面已经生锈、污损或有刮痕，米夏克给这些茶具都重新打磨，并涂上粉末涂层，形成一种光滑的、无瑕的表面。

米夏克的茶具套装是一种再生产品。但是，和其他当代设计师的作品将废弃的产品重新修饰变为奢侈品不一样，这件作品的真正价值在于它提醒人们停下脚步去审视如今这种一次性的消费文化。

I'm NOT
A Plastic
bag

we are what we do

我不是一个塑料袋

时间：2007 年

设计师：阿尼亚·欣德马什（Anya Hindmarsh）

塑料购物袋已经成为我们这个时代最显著的环境灾难。根据社会公益运动"从我做起，改变世界"的研究，每个人平均每年用掉 167 个塑料袋，而 200 个塑料袋中只有 1 个会被回收利用。在垃圾填埋场，塑料袋需要用 400 年的时间去降解，并且它们也是导致大量海洋生物伤害和死亡的主要原因——例如海龟会将它们误认为是水母而吃掉。它们同样堵塞了城市地区的排水道，从而造成了水灾。

2007 年，英国饰品设计师阿尼亚·欣德马什参与了"从我做起，改变世界"活动，设计了这款时尚的塑料袋替代品。该设计既是一件产品也是一种市场的理念：有机非漂白的棉质手提袋上面印上了明显的标志——"我不是一个塑料袋"，首发的限量版有四种不同颜色的，共 2 万个。

2007 年 3 月，在英国的森宝利超市，这款手提包以 5 英镑的价格开始销售（2007 年时约合 10 美金——而当时欣德马什设计的手提包价格一般都在 1000 英镑左右）。在媒体对这款设计的大量宣传下，几千人连夜排队购买，更有 10 万人在网络注册在线采购，然后他们迅速将价格提高到 200 镑，在易趣网（eBay）上转手卖出。当人们捕捉到那些名人如凯拉·奈特利（Keira Knightly）和里斯·威瑟斯庞（Reese Witherspoon）也挎着这款手提包，且在《名利场》杂志主办的奥斯卡派对上进行分发后，这更促进了人们对它的狂热崇拜。

手提包现象的成功却因后来被发现它们事实上是在中国生产后运往西方国家而泄了火。这使得人们质疑其并不是他们所谓的那样绿色环保。不过，这项设计对唤起人们对于塑料袋所产生的环境问题的意识有巨大帮助，同时也证明了绿色的消费也可以变得时尚。

马特尔——有道德的家居品牌

时间：2007 年

设计师：多人

马特尔是一家丹麦哥本哈根的家居用品品牌，成立于 2007 年，其意在提供给社会可持续发展的产品。“马特尔”在拉丁语里意为“母亲”，其品牌销售范围包括台灯、碗钵、花瓶和烛台，采用如木材料、石材和陶瓷等自然材料，以及钢、铜与铝等金属材料。其产品由欧洲及美国设计师设计，包括延斯·马丁·斯基伯斯泰德（Jens Martin Skibsted）和托德·布拉赫尔（Todd Bracher），在中国、越南和印度生产，大部分由中小企业生产，这些企业会受到严格的审查程序以保证它们满足企业社会可持续发展的高标准。

马特尔的目标是意在培育而非威胁当地的传统工艺。例如由美国设计师托德·布拉赫尔设计的大理石 – 木质枝形烛台系列，就是与印度斋蒲尔当地的手工艺人合作，运用了当地特有的、但并不稀少的大理石和木质材料制作。

不同的是，马特尔公开了合作公司的名称以及设计师的姓名，给那些通常不知名的工厂以同样的重视，这些工厂生产出了大部分设计师产品。为了防止人们指责其剥削东亚国家廉价劳动力，马特尔对其供应工厂提出了“零容忍”的政策，保证如果任何一家公司非法使用童工、虐待员工或制造污染，他们会立刻与其解约。马特尔签署了《联合国人权宣言》、《联合国全球契约》以及《国际劳工组织关于工作中基本原则和权利宣言》。为了证明他们对公平性和透明度的承诺，该品牌承诺委任独立审计公司审查其供货工厂，并在他们官方网站公布结果。

马特尔所生产的产品可以使用很长的寿命，因其坚固的材料和简洁典型的斯堪的纳维亚设计风格，使之更加注重使用的无限期而非时尚感。

纸浆

时间：2007 年

设计师：乔·梅斯特斯（Jo Meesters）

本设计是对应用废纸浆生产弹性储水装置可能性的探索。纸浆花瓶和水壶由荷兰设计师乔·梅斯特斯设计，利用报纸碎片与壁纸胶水和墨水的混合体制成的纸浆，内部附着一层环氧树脂材质使其具有防水性。纸浆的模具取自跳蚤市场里发现的废弃水壶和花瓶，内侧表面十分光滑，而外侧表面则显得十分原始。

产品的制作过程类似混凝纸，不过梅斯特斯首先将报纸碎片溶解在沸水和碳酸钠的混合溶液中，防止它们化为纯纸浆。在与胶水和墨水混合之前，溶液需要放置两周时间去降解，之后用手一层一层裹在模具上，每一层都要等到完全干了以后再覆盖下一层。当覆盖到足够厚度以后，花瓶会被切为两半，把模具取出，使得其可以重复利用。切下的两半接下来会重新用木胶粘合到一起，再覆上纸浆，直到看不到裂缝，并且花瓶看起来也足够坚固为止。工序的最后一步就是用聚氨酯涂抹在花瓶内侧表面用来防水。

纸浆的构想并非来源于可持续性，而其中应用到墨水、胶水和聚氨酯也会被那些纯粹的环保主义者抵制。但是，该设计的确向人们展示了如报纸一类的废弃材料有潜力可以转变为一种全新的材料，而不是一定要符合所谓有些陈词滥调的“回收再利用”的物品形式。

生态家居产品

时间：2003 年

设计师：汤姆·迪克逊

当代的消费文化是以不回收的物品为中心的，这些物品只使用一段时间然后被丢弃，即便其是用耐久材料制成的并且能使用很多年。英国设计师汤姆·迪克逊通过他的生态家居系列产品的设计探索着这个问题，该系列包括杯子、盘子和碗钵等，它们都可以在随意的磨损后仍能利用。这些看起来粗糙的、朴实的系列产品于 2003 年在米兰家具展上发布，是用包含 85% 的竹纤维的纯天然塑胶制成模具后制作而成，这种竹纤维在竹材料加工工厂是被丢弃的工业副产品。

竹材边角料是工厂将木材料制作成家具和地板后产生的废弃物，被收集回来后研磨成粉，与水溶高聚物结合，形成粗糙的、耐用的热硬性塑胶材料，类似人造树胶，可以像普通塑料一样加工成型。像椰子壳和稻米纤维这样的有机副产品已经可以生产成与此相似的材料。

这种材料的缺点在于它是可降解的。它随着长时间的使用和清洗会逐渐降解，曾经光滑、透亮的表面会慢慢腐蚀。不过迪克逊却将此转化为优势，他指出，这可以在使用过程中表现出更新更有趣的特点，对使用者来讲更加独特和个性化。

产品的使用寿命大概在五年左右，这和其他采用更耐用材料餐具的使用寿命类似。而在这之后，它们可以用来做花盆或是用做肥料，而不是直接扔掉。通过设计师们创造真正的可持续性产品，生态家居产品因此提供了一种更加成功的尝试，尽管迪克逊承认还是有一些消费者抵制这种有一定使用寿命的产品观念。

随着科学家们开发出高品质的有机塑料，使用寿命较短的家用产品也许很快会被可生物降解的材料所代替。

二手餐盘与“未完成 07”

时间：2006 年至 2007 年
设计师：卡伦·瑞安（Karen Ryan）

和很多年轻设计师一样，卡伦·瑞安擅长用拾得的艺术品进行设计，重新发掘被人们遗弃的物品的价值与美丽，并赋予它们新的功能。和其他的设计师相同，如斯图尔特·海加思与坎帕纳兄弟（见第 19，23，50 页），瑞安并不是要用这样的设计传递绿色讯息，而是发掘材料质感的魅力——以及其包含的感性的因素——来自于老旧的、被人丢弃的手工制品。

这位英国设计师的“未完成 07”花瓶系列设计于 2007 年，利用瑞安从二手商店和跳蚤市场淘来的旧瓷花瓶制成。首先，表面的一部分用“未完成 07”的标志贴纸覆盖，保护下面瓷器原本的表面，然后瑞安磨掉了表面的釉质，涂上她所发现的装饰图案，展示内层原始的陶器质感。将贴纸撕去，留下标志的文字，隐隐展示出花瓶曾经华美的装饰图案，但又同时明确地为作品添加了新的品牌名称。

该设计是 2006 年的二手餐盘设计的姊妹篇。这些被人遗弃的大餐盘和其他餐盘，装饰着柳树图案或庸俗的乡村风景，是瑞安从慈善商店和旧货市场买来的。和“未完成 07”一样，瑞安在进行喷砂处理之前，盖住了一部分表面，而这次她用到的是一些负面词汇，比如“忽视”、“遗失”、“妒忌”和“空虚”。揭开了原有的表面装饰，将曾经华丽的设计转变成一件令人不安的物品。

订制家具是瑞安在 2005 年用类似方式设计得更早些的作品。二手的椅子和桌子被喷上了突出的亮色彩条，或是与其他物品组合成一种奇怪的新形状。

LIES

VANITY

珠与片

时间：2005 年

设计师：**赫拉 · 容基瑞斯**

荷兰设计师赫拉 · 容基瑞斯常常在她的作品中探究工艺流程，并且长期与她的家乡荷兰，以及日本和美国的生产厂商一同合作。该系列的家用产品是她与秘鲁的工匠们合作，受到传统的陶瓷工艺和史匹柏族人（Shipibo）珠饰工艺的启迪。该设计中的四件作品——一个花瓶和三个碗钵——使用史匹柏族人传统的黑陶工艺制成，上面装饰着的珠饰图案来源于当地的花边，花边的样式是用来庆祝当地植物古柯的种植和加工——这种产业对那里的经济发展是极为重要的，同时是当地重要的标志。

容基瑞斯为阿泰妮卡公司的“有良知的设计”系列（见第 14，46，60 页）设计了许多作品，该系列产品让顶尖设计师与手工艺人群体合作，传承发展当地的技艺。在秘鲁利马地区的工匠们为阿泰妮卡公司制作了这款产品。该项目与非营利组织手工艺人援助协会合作，帮助全世界的传统手工艺者生产更高质量的产品并从中学会贸易技能。2005 年，在纽约，该系列的作品首次在国际当代家具展上展出，并在接下来的几年中投入生产。

（注：Shipibo，史匹柏族人，音译，没搜到相关资料和翻译，不知道是否可行。）

水手水罐

时间：2005 年

设计师：尼帕·多西（Nipa Doshi）和乔纳森·列文（Jonathan Levien）/ 多西·列文公司

当水蒸气从闭合的赤土陶罐表面穿过时，微小的水滴带走了热量，从而冷却了在陶罐中的水。这样的过程有些类似人体皮肤通过排汗带走热量的方式，使得人体在使劲或炎热天气下保持低温。赤土陶罐这种简单又有效的降温方式早就被全世界熟知，因此赤土陶罐制成的水罐在炎热地区常年被用作储水器。在不需要人工制冷的情况下，这样的容器可以保持水温比周围环境的温度低 12 到 14 摄氏度（54 到 57 华氏度）。

水手水罐是一个融入传统原理的现代设计，由英裔印度设计师尼帕·多西和乔纳森·列文创办的伦敦多西·列文公司所设计。二人最初是为英国文化委员会赞助的 2005 年葡萄牙里斯本实验设计双年展设计了这款作品。展览名为"我的世界",展现了年轻设计师如何阐述工艺品的理念。在"我的世界"展览上，多西·列文公司设计的装置部分受到了传统印度市场的启发。在印度市场上，客户脱下鞋，坐在垫子上，和摊贩讨论他们的需求，而那些摊贩一般都是熟练的技术工匠，就在这样的环境下制作货品。

二人以印度当地的产品为原型为他们的装置设计了一系列的作品，包括一个风扇，一个大理石桌子和一个水手水罐，这些装置具有印度手工艺商店里的共同的特征。他们的作品旨在设计一种可以进行大规模或分批生产的雏形，包含一个粉浆浇筑的陶罐，及其中的过滤系统。

该产品对环境无害，能够替代瓶装水和电冷却器，并且为室内环境中增加更加优雅、更富有文化内涵的景观。

蒙阿祖尔花瓶

时间：2006 年

设计师：隆妮·范·维斯维克（Lonny van Rijswijck）和纳迪娜·施特克（Nadine Sterk）/ 阿特勒埃尔工作室

一些人没有办法去购买他们需要的物品，因此他们转而去用破损的、废弃的物品进行即兴创作，赋予它们新的功能，很多设计师尊重这种有智慧的表现方式。

年轻的荷兰设计师隆妮·范·维斯维克和纳迪娜·施特克如今在名为阿特勒埃尔的工作室中工作。当他们在荷兰埃因霍温设计学院学习时，在一次去往巴西的旅途中，二人注意到，当地的贫民窟居民利用废弃的塑料洗涤剂瓶作为花瓶使用。

范·维斯维克和施特克为他们的社会研究课题奔赴巴西，该项目旨在帮助贫困群体发展新的贸易机会，而他们也决定用这一发现作为他们产品设计的基础，由当地的社区制作并出售。

蒙阿祖尔花瓶的名字来自于圣保罗郊外的贫民窟蒙阿祖尔。花瓶的内核是贫民窟居民拾来的废旧塑料瓶。塑料瓶被包裹在一个车削的木质外壳内，其造型可以通过简单的车床加工成型。塑料和木材看起来并不像是花瓶的材质组合，但是它们却很好地组合在一起，塑料瓶作为防水的内核保护外面的木头不会受潮腐蚀。

从巴西回到家乡后，两位设计师向荷兰著名设计品牌楚格（Droog）展示了他们的花瓶。楚格将这个花瓶设计收录进他们的产品系列，并举办了拍卖，筹集的资金购买了一台半自动的车床，这样可以让蒙阿祖尔当地的居民继续自主生产花瓶。

从泥土中来

时间：2006 年

设计师：隆妮·范·维斯维克 / 阿特勒埃尔工作室

全球化意味着全世界不同地方的人们用着相同的产品，因为经济规模的扩大使得大批量进口产品比当地生产的更加便宜。这使得人们担忧地区文化特性的缺失，同时也逐渐担心，很多产品可以在更近的地方加工后使用，却因长距离的运输导致资源浪费。

荷兰阿特勒埃尔工作室的设计师隆妮·范·维斯维克就是关注这些问题的设计师之一，并且用生产地特有的自然材料设计自己的产品。

她的作品“从泥土中来”就是一系列用荷兰不同地区的泥土制作而成的杯子和调料瓶。荷兰东南部地区的布鲁森镇出产一种黄色的泥土，当上釉之后却看似是磨砂的；荷兰中部的乌尔登出产一种光滑的、发亮的深棕色黏土；而南部地区格尔泽镇则出产一种粗糙的红色黏土。

每一种泥土在色彩和质感上微小的区别，突显出设计师可选材料的丰富多样性，但这却经常被人们忽视而去选择一些标准材料。同时，这也展现出利用本土材料设计的产品是如何更加可持续，也更加具有文化内涵。

第3章　家具

家具设计师在一瞬间变为了绿色设计思潮的先锋。新一波年轻的、独立的设计师正在创造出日常家具，比如桌子、椅子和橱柜，来同时宣传新的、和更少浪费的生活方式。

创新性地对已有材料进行再利用是这场新运动的核心，其中的设计师如马蒂诺·甘佩尔（Matino Gamper）、马尔滕·巴斯（Maarten Baas）、克里斯蒂安·考克斯（Christian Kocx）与瑞安·弗兰克（Ryan Frank），利用废旧的木材、工厂的边角料和拾来的废弃品制作新的产品。他们这样做的动机并不是为了环保，而是出于那些丢弃的废物上带有的一种被人忽视的对美的欣赏。

这场运动也是对家具设计产业的一种反抗。如今的家具设计业在媒体的强力推动下，不断地要求发布新的产品，而且在近几年已经类似时尚产业，随着每个季节室内风格趋势进行改变，消费者也被鼓励着定期更换家具以跟上潮流。而在以前，家具是作为精心照料的传家宝来一代代传承下去的。新锐的设计师用他们独特的、手工制造的、使用寿命长达许多年的产品重新发掘了这种观念。

在设计师汤姆·迪克逊独创性的指引下，芬兰设计品牌阿泰克通过他们的“第二个圆”系列作品，追求着与之相似的理念。该项目找回那些过时的阿泰克产品——其中很多都被重新粉刷、重新组装椅面或是被使用者进行了一些自行改变——这记录了它们自己独特的历史。这里所要

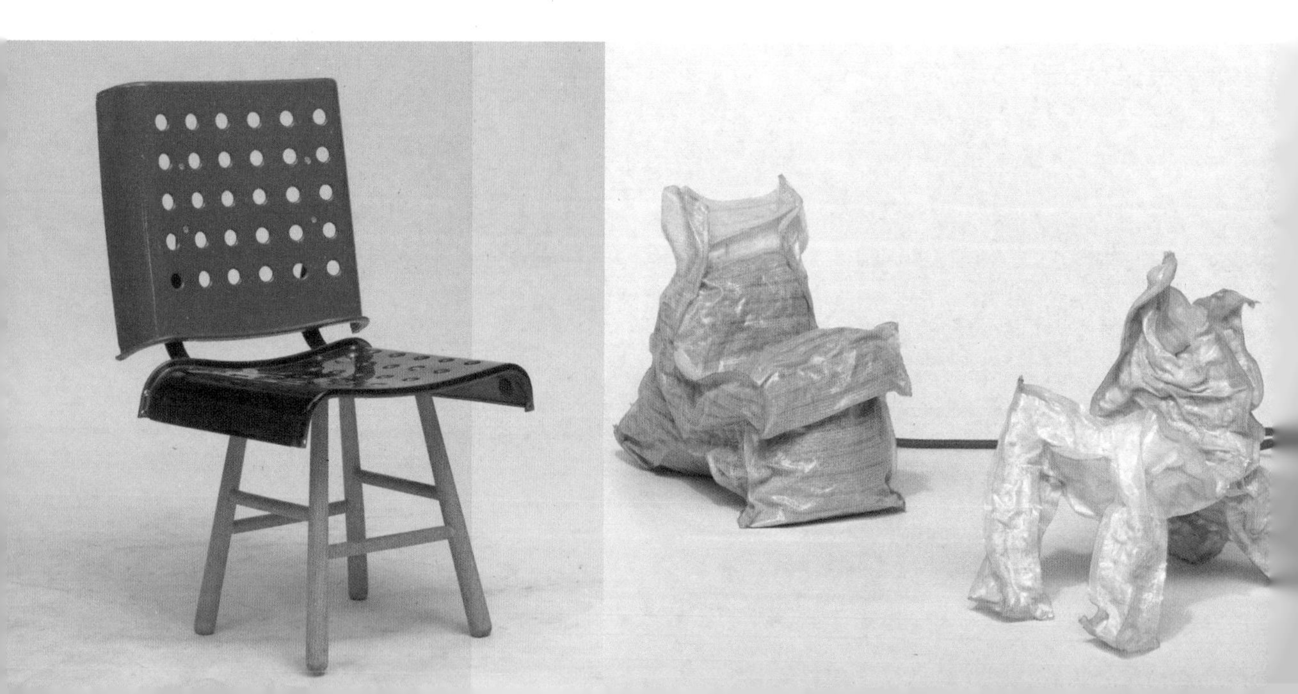

传递出来的信息是，一个用了 50 年的凳子，它看起来破旧、磨损，但却是一个历史的活化石，因此它比新的凳子更具价值。迪克逊也同时鼓励阿泰克公司发展更加可持续的原材料，比如竹材。而瑞典 TAF Arkitektkontor 事务所的 IOU“为慈善而设计”系列产品不仅采用了可再生的木材，并且雇佣社会贫困群体组装产品，为他们提供利益。

并不是所有利用可循环材料的设计都需要长得像是流行的“被捡来”的样子。能度（Nendo）公司的“卷心菜椅”就是用织物打褶流程中产生的废纸制作而成，而在它复杂的形态下掩藏着为制造它所用的被丢弃的原材料。

使用更加绿色的材料进行设计的其他设计师还有诺曼·福斯特，他为 Emeco 公司设计的 20-06 椅，80% 都采用回收的铝制成；而 Komplot 设计工作室的“没有骨架的椅（Nobody chair）”则是用回收的聚酯碳酸饮料包装瓶制成。法国 Studio Lo 工作室设计的潘诺椅，便是使用胶合板制作的可平板包装运输的椅子，可以尽可能有效地减少浪费。

以上这些设计师为我们提供了这些设计精良的、可以使用一生的家具，他们尝试从室内设计时尚风潮的浮躁世界里逃离出来，转而吸收那些独特的、并非流行的特质，例如坚固性、耐用性，以及可以抵御长年磨损的能力，并把它们作为一种个性的标志，而非一种瑕疵。

卷心菜椅

时间：2008 年

设计师：能度公司

在 20 世纪 90 年代初，时装设计师三宅一生（Issey Miyalce）推出了一系列叫作“三宅褶皱”的时尚设计，这一系列是在衣服已经缝制成型后，再采用打褶的纤维制成。为了让褶皱固定，衣服需要被夹在几层高级的纸张中间，并处于热压之中。等到热压将褶皱“打印”在织物里以后，这些纸就被扔掉。

2008 年，三宅一生让能度设计团队开发了一种可以重新利用这种废弃纸张的产品。能度给出的回应则是这把“卷心菜椅”——一种极其简单的设计，仅靠自己的双手而不用任何特殊工具和材料就能制作而成的椅子。

制作这把椅子，纸张先要卷成一个圆柱体。而后，圆柱体从最上面一直垂直裁切到中间位置。于是，每一独立的纸张层便会同时剥开并折起来，形成椅子的形态以及坚固的结构，足以让人坐在这把椅子上。这把椅子的名字源于其每一层自行剥开的样子，好比卷心菜叶子的每一层，叠起来形成一个坚固的整体。

能度为“21 世纪的人”展览设计了这把椅子，该展览由三宅一生发起，在 2008 年 3 月至 7 月于东京的 21_21 设计视野（21_21 Design Sight）画廊展出。21_21 设计视野画廊位于六本木地区，是由三宅一生创办的文化组织，而“21 世纪的人”展览所探寻的便是设计师如何回应当今社会的话题，其中便包括环境问题。

塔图

时间：2006 年
设计师：斯蒂芬·伯克斯（Stephen Burks）

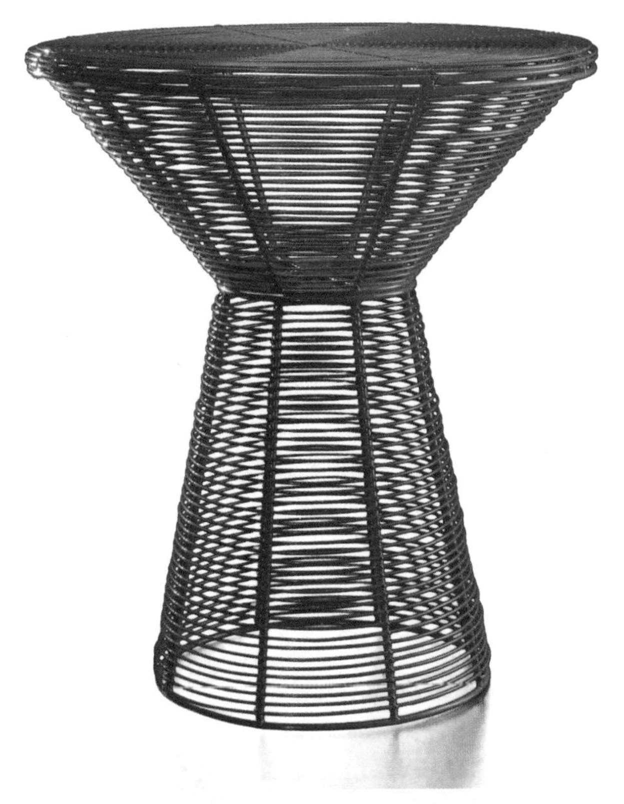

用镀锌钢丝编织而成的物品在南非十分常见，在那里的工匠们将这种便宜的、唾手可得的材料变成小的家用产品，例如碗，也制成给游客的旅游纪念品。这种技术通过用粗钢丝做成一个三维的造型，然后用细钢丝与之形成十字形固定，成为支撑结构。

斯蒂芬·伯克斯是一名工业设计师，在纽约经营着名为“现成产品（Readymade Projects）”的设计工作室。他在南非参与设计品牌阿泰妮卡的“有良知的设计”项目时偶然接触到这种技术。有良知的设计——该项目开创性地让西方设计师与发展中国家的工匠们进行合作（见第 14，46，50，64 页）。

伯克斯开始与用这种材料制作产品的工匠交谈，向他询问这种技术能不能用来制作更大的产品。而这段对话的结果便是一批新的模块化组合的设计，以及一个带有三个中空部件的咖啡桌，可以用来储物。还有一把凳子也是这一系列里的作品。

这个系列被称作“塔图”，在修纳语里意为“三个”，指桌子所具有的三个分开的部分——桌的支撑结构、桌的上部以及桌面，当它们分开时，可以分别用做篮子、碗和托盘。每个部分都用相同的传统钢丝制作工艺所制成，并在非洲由南非和津巴布韦阿泰妮卡工厂的工匠们进行编制。产品最终用红色或白色的抛光粉涂料覆盖，以适于在室外或室内使用。

废弃木材家具

时间：2005 年

设计师：**皮耶·海因·埃克（Piet Hein Eek）**

荷兰设计师皮耶·海因·埃克是如今这场用便宜或废弃的材料制作奢侈品的设计运动的先锋之一。对于埃克来说，和很多同行设计师一样，他并不是因为关注环境问题进行设计，而是欣赏这种材料中的美——尤其是废弃的木材——尽管它们被认为是垃圾。

埃克是一名多产的家具、照明和产品设计师，他的作品里涵盖了多种材料，包括钢、铝、陶瓷和聚碳酸酯。但是，他最著名的作品便是他的废弃木材系列，其中包括用废旧木材制作的椅子、桌子以及餐具柜。埃克 1990 年毕业于埃因霍温设计学院，他的第一次声望来自于他设计的可循环再生的衣柜，由当时初出茅庐的设计品牌楚格在米兰展出。和那时荷兰年轻设计师一样，埃克对于传统的美学观念和那时流行的当代家居设计的追求完美感到厌倦。他开始从废弃和拆毁的大楼里捡拾木地板和木板条，将这些废弃资源当作精美漂亮的材料，制作成崭新的产品。埃克通常留着它们原始表面完整的样子，如在此展示的这些作品一样，展现了从它们最初用途中保留下来的多种不同的色彩和漆面装饰。

居住在荷兰海尔德罗普的埃克，如今经历了一场流行的回归，随着回收利用与客户订制正在回归时尚，消费者们避开那些毫无个性的、批量生产的产品，转而选择带有个性和特质的产品。2005 年，他在伦敦和东京开办展览，而他的作品——因其精致的木工工艺而富有声誉——也开始变得极具收藏价值，在各个艺术馆中售卖。

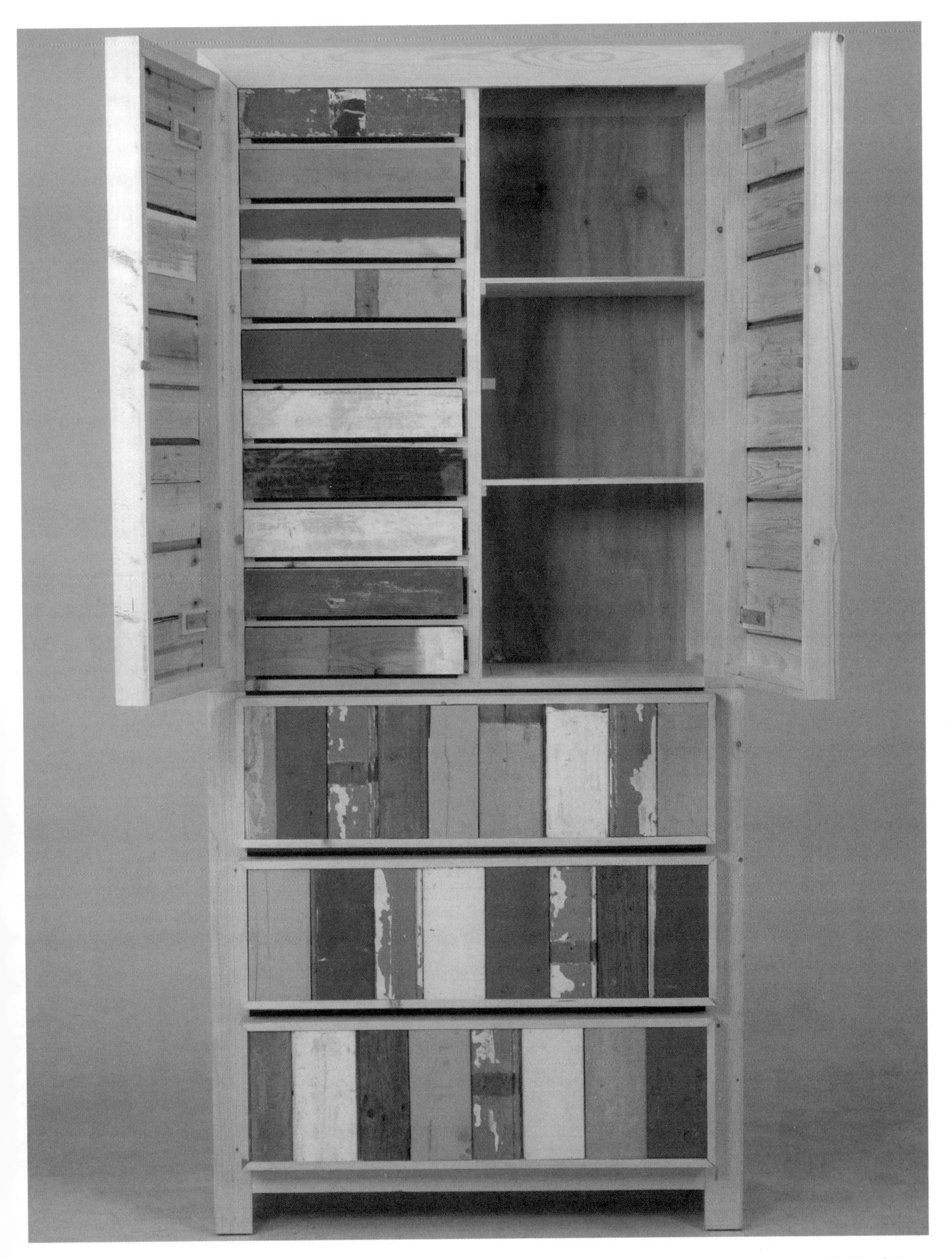

20-06 椅

时间：2006 年

设计师：**诺曼·福斯特**

铝是世界上第三丰富的元素，排在氧和硅之后。这种金属具有相当强的抗腐蚀性，并且质量也非常轻。熔炼铝矿石来提炼铝需要消耗大量的能源，但一旦金属熔炼出来后，就可以反反复复地再利用。重新把铝融化并回收利用仅仅只消耗最初炼铝所需能量的 5%，尽管大约 15% 的金属会在这个过程中消失，变成无法利用的灰尘一般的氧化物。

这件可以叠起堆放的椅子，由英国建筑师诺曼·福斯特为宾夕法尼亚家具厂商 Emeco 而设计。椅子的材料中 80% 用的是回收而来的铝材料，其中一半来源于用过的饮料罐，而另一半则是工业废料。椅子的设计尽可能地使用最少的材料，尽管这是为了追求美观而非生态的原因。不过，这把椅子的使用寿命估计可达 150 年，使得它成为一件非常可持续的设计。

Emeco——电动机械与设备公司（Electric Machine and Equipment Company）——从 1944 年开始生产手工制作的铝质座椅和板凳。当年，他们与 Alcoa 公司（美国铝业公司 The Aluminum Company of America）合作为美国潜艇舰队设计了标志性的 10-06 椅，Alcoa 公司是世界第三大铝制品制造商。他们因设计海军椅而著名，从那之后这款座椅不间断地进行生产，并且和福斯特的座椅一样，设计使用年限是 150 年。福斯特的 20-06 椅于 2006 年首度发布，在原有设计上升级，但比之前少使用了 15% 的铝材。和它的前身一样，这把座椅可以叠放到十把椅子高，并且现在已经扩展成为包括吧台椅和咖啡桌的产品系列。

Emeco 的产品采用一种复杂的技术，由高水平的手工技工通过 77 道工序的焊接和打磨制作而成。Emeco 同时也与其他顶尖设计师合作生产铝制座椅，例如菲利普·斯塔克（Philippe Starck）（作品“标志”、“空”、“遗物”与“哈德森”）、弗兰克·盖里（Frank Gehry）（作品“超光能”）和埃托雷·索特萨斯（Ettore Sottsass）（作品“九－零”）。

竹家具

时间：2006 年

设计师：亨里克·谢尔比（Henrik Tjaerby）

竹是世界上最万能的、可再生的材料之一。这种带有木质感的、常青的多年生植物是禾本科数量最大的物种，它们很容易种植，生长速度奇快——大约每天生长一米——并且它的木材轻盈、耐久且强度高，不会有像其他木材料那样大的收缩和扩张变形。

竹子在远东地区已经使用了很长时间，从筷子到房子都可以用竹子制成，在西方，竹材越来越多地被制作成家具、地板，甚至是汽车内饰。这种木料也同样逐渐地被加工生产成多层板、胶合板和天然塑料，例如汤姆·迪克逊的生态家居茶杯和餐盘使用的便是这种材料（见第 61 页）。

丹麦设计师亨里克·谢尔比与芬兰家具品牌阿泰克旗下的家具室内设计工作室合作，在 2006 年发布了他的竹家具系列产品。这套作品包括一把椅子、一个餐桌和一个咖啡桌，它们都采用在中国种植收割、在日本批量生产的竹片多层板。

竹家具引用了阿泰克的斯堪的纳维亚传统工艺（见第 84 页），竹材通过热弯技术成型，运用了类似于弯曲桦木多层板的技术，该技术由芬兰著名建筑师阿尔瓦尔·阿尔托（Alvar Aalto）在 20 世纪 30 年代为该品牌而设计，同时他也是阿泰克的共同创办人之一。

事实上，谢尔比曾把竹材与斯堪的纳维亚桦木材进行比较：它们都是很普通的材料，产量丰富且生长速度快，它们的价值在本地市场也都相对来说被低估了。竹家具的设计是一种尝试，以表明竹材不仅十分绿色环保，也可以制作风格化的、现代的家具。

竹家具系列曾是英国设计师汤姆·迪克逊的构想，他在 2005 年成为阿泰克品牌的创意总监，如今也在帮助该品牌成为可持续设计的领先者。其他由迪克逊为该品牌所提出的倡议包括“第二个圆”系列，以及阿泰克馆（见第 84 和 231 页）。

没有骨架的椅

时间：2007 年

设计师：鲍里斯・伯林（Boris Berlin）和波尔・克里斯滕森（Poul Christiansen）/Komplot 公司

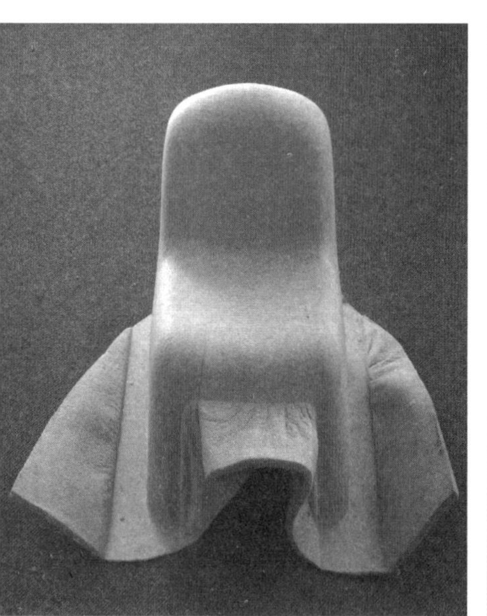

由丹麦设计公司 Komplot 的设计师鲍里斯・柏林与波尔・克里斯蒂安森设计的"没有骨架的椅"，是利用回收的塑料水瓶，借鉴汽车工业的一种生产技术制作而成的。该项目为丹麦家具品牌海氏（Hay）而设计，座椅采用来自于 PET（聚对苯二甲酸类塑料）制成的工业用毛毡，被压制成为单独的一件作品，使用和生产汽车后备厢的可移动挡板一样的生产工序制作成型。海氏声称这是第一把批量生产的、只用到纺织品而没有用其他材料的座椅——座椅并没有骨架或是包含任何附加的加固、固定装置或是胶水（因此取名"没有骨架"的座椅）。相反，它全部依赖整个压制毛毡结构的完整性。产品制作只有一步：用 PET 纤维制成的毛毡放置在一个巨大的热压机里，对它持续加热直到椅子永久成型。

PET 塑料是一种聚酯纤维，常用于制造合成纤维和塑料瓶。"没有骨架的椅"所用到的毛毡大部分来自从废弃塑料水瓶中回收而来的 PET 塑料。这是一种最常见的再生塑料的来源之一，因为大部分的饮用水品牌使用的都是同种塑料，这使得它相对容易从回收品里挑选出来——其他类型的塑料容器，比如洗发水瓶，则是用许多种不同的塑料制成，因此它不可能不与其他种类的塑料结合就被回收利用，而这使得材料的等级降低，也就变得不那么好用。"没有骨架的椅"所使用的纯的 PET 塑料却可以在以后不断地被再利用。

"没有骨架的椅"不仅是一种环保的象征，它的设计者也声称它还有其他益处。它可以被叠放起来，成为一种节省空间的设计。同时，PET 毛毡如纺织品一般的品质意味着这把椅子让坐在上面的人感到表面覆盖着织物的感觉。

第二个圆

时间：2007年

设计师：汤姆·迪克逊/阿泰克公司

根据由阿尔瓦·阿尔托领导的一批设计师制定的现代主义设计原则，芬兰设计品牌阿泰克随之创立于1935年。阿尔托的一些设计——包括用热弯桦木多层板技术制作的设计简洁的座椅、凳子和桌——从那之后就一直被生产，并且很多阿泰克的早期产品在现今芬兰的许多家庭、公共建筑和学校中仍在使用。这些过时的产品已经磨损，看起来也略显简陋，很多也被消费者重新喷漆或是重装椅面，自行地改装，但是它们坚固的结构使得它们仍可以完美地使用，而岁月的痕迹也赋予这些批量生产的产品独特的个性。

一件使用了超过70年的家具一定是一件非常可持续的设计——尤其它原本就是用自然材料制作的。作为环境策略的一部分，阿泰克决定将重点放在产品的使用寿命上。"第二个圆"项目意在找寻早期的阿泰克家具，从它们的拥有者手中重新购回，探寻每一件家具背后的独特的历史。

将每一件家具的独特历史进行编辑后，上传到网站上。每件家具都是原来发现时的样子——它们没有任何一点的修补——内容保存在无线射频识别的标签内，镶嵌在家具里。标签的内容可以通过手机阅读，并展示了它的网站地址，这样新的主人就可以在网络上查到这件家具的历史。一旦家具被编入目录，它就会被放入到这个循环系统中，无论是被售出还是在活动中被使用。也鼓励未来的使用者把他们自己的故事加到这件物品不断累积的历史之中。

"第二个圆"项目由阿泰克创意总监、设计师汤姆·迪克逊于2007年提出，由此引发了一场对于旧家具态度的讨论，是扔掉——还是作为"设计师"的作品——当成一种标志，隐藏在博物馆之中。而迪克逊则希望纪念阿泰克家具的这种成功，他们的家具在多年以后仍像最早生产时一样被正常的使用。

软木塞家具

时间：2002 年

设计师：贾斯珀·莫里森（Jasper Morrison）

世界上一半数量的软木塞是在葡萄牙生产的，那里的栓皮栎树林为全球市场采用。这种可再生材料是制作葡萄酒瓶木塞、软木地板以及其他产品的原料。软木塞材料来源于这种树的树皮。树木可以生长将近 200 年的时间，每一次收割都足够为 4000 瓶葡萄酒提供足够的材料。单是葡萄牙本国每年就能生产出价值 10 亿美金的酒瓶木塞。

不过，塑料瓶塞和螺旋酒瓶盖的发展为葡萄牙的软木塞产业敲响了警钟。该产业雇用了 16000 人进行生产，保证乡村的大面积种植地不仅产量丰富，也进行着可持续的管理。软木塞的生产商害怕，如果人们对这种材料的需求没有了，那么会造成森林的消亡。

从 2002 年起，工业设计师贾斯珀·莫里森利用软木材料制作了一系列的家具产品，突出展现了这种并不常用于家具制作的材料的美感，并且引起人们对软木塞产业困境的关注，尽管他在设计这系列作品时并没有想到这层问题。他设计的第一件作品是“2002 软木塞桌子和软木塞板凳”，这是一套为荷兰品牌穆宜（Moooi）设计的像药片形状的作品。“2004 软木塞家族”（上图）则是为瑞士品牌威达（Vitra）设计的一系列用旋制的、合成软木制作的矮桌。合成软木这种材料是来自于使用胶水并压制在一起的大块的软木皮边角料制成的。

2007 年，莫里森利用这种材料，设计了一把更有挑战性的座椅。他为威达设计的软木塞座椅是一款用回收的葡萄酒瓶塞制作的限量版家具。回收而来的软木塞被压制成一个实体体块，然后通过数控铣床成型，生产出这种独特的座椅。由于质量轻、质感粗糙且摸起来十分柔软，软木塞的特性使它十分适合于家具制造。随着时间的推移，没有封口的软木材料产生了一种美丽的深色光泽。就像是软木塞椅所证明的，这种材料是可以循环再利用的。

“珍藏”系列家具

时间：2007 年
设计师：马尔滕·巴斯

生产廉价家具的过程中经常会产生大量的废物。每个部件从板材上，如中密度板（MDF）或多层板上被切割下来后，剩下的部分就会被轻易地扔掉。一些设计师力图设计在生产中最小化垃圾数量的家具（见第 93 和 100 页），而荷兰设计师马尔滕·巴斯则设计了一系列的家具，仅仅组合利用那些被工厂废弃的材料。

巴斯收集了当地家具工厂的中密度板废料。那里的一张巨大板材，只利用其很小的部分，这使得剩下被扔掉的部分都是同等大小和形状的。这让巴斯设计了无数个版本的餐椅和躺椅。工厂生产的每一批家具，都会给巴斯提供足够多的原始材料用以制作 58 把餐椅和 23 把扶手椅。他将奇形怪状的部件组装成新的设计，然后喷上漆料，并为这一系列取名为“珍藏”，以表示他将那些被人抛弃的东西变成了有价值的物品。

嘿，椅子，变成书架吧！

时间：2006 年，2007 年

设计师：马尔滕·巴斯

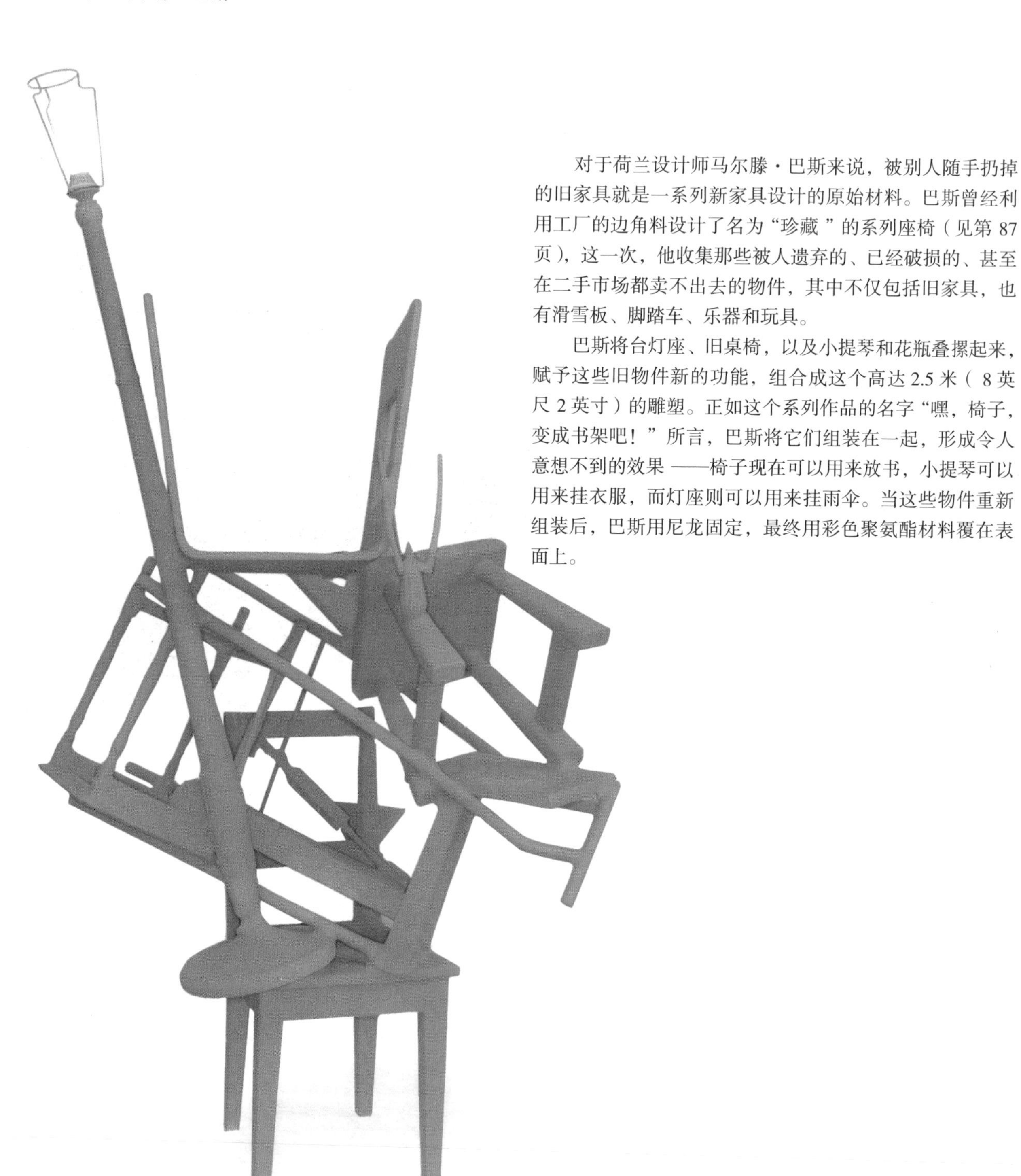

对于荷兰设计师马尔滕·巴斯来说，被别人随手扔掉的旧家具就是一系列新家具设计的原始材料。巴斯曾经利用工厂的边角料设计了名为“珍藏”的系列座椅（见第 87 页），这一次，他收集那些被人遗弃的、已经破损的、甚至在二手市场都卖不出去的物件，其中不仅包括旧家具，也有滑雪板、脚踏车、乐器和玩具。

巴斯将台灯座、旧桌椅，以及小提琴和花瓶叠摞起来，赋予这些旧物件新的功能，组合成这个高达 2.5 米（8 英尺 2 英寸）的雕塑。正如这个系列作品的名字“嘿，椅子，变成书架吧！”所言，巴斯将它们组装在一起，形成令人意想不到的效果——椅子现在可以用来放书，小提琴可以用来挂衣服，而灯座则可以用来挂雨伞。当这些物件重新组装后，巴斯用尼龙固定，最终用彩色聚氨酯材料覆在表面上。

纸质表皮

时间：2007 年

设计师：约翰·布吕尼克斯（Johan Bruninx）

在荷兰设计师约翰·布吕尼克斯的这个项目中，破损的二手家具又被赋予了新的生命。废旧家具表面上的裂纹、凹陷和刮痕用牛皮纸胶带制成的新材料掩盖住，掩盖时巧妙地运用了类似传统镶嵌细工的花纹图案。

该项目称作“纸质表皮”（荷兰语为 *Plakbanterie*），是布吕尼克斯在 2007 年荷兰埃因霍温设计学院毕业展上的作品。布吕尼克斯展出了他这一系列中的桌子、椅子、橱柜和衣柜，向人们展示，多么丑陋和破损的家具都可以重新设计、重新利用，仅仅只靠简单地运用新的表面材料就可以做到。

布吕尼克斯将纸带贴在家具上，就好像在包裹一件珍贵的礼物一样，形成一种放射性的图案，看起来像是用异国情调的木饰面创造出的精美的镶嵌细工的设计。这种错视的效果掩饰了原有物品廉价的工艺和破损的表面，却只花去了最小的成本。一件被人遗弃的家具变得更新、更值得一看，延长了它的使用寿命，推迟了它最终被抛弃的时间。

细枝家具

时间：2005 年

设计师：罗素·平奇（Russell Pinch）

榛树是一种富有韧性又十分坚固的木材，很早开始在英格兰就具有非常高的价值，当它被修剪时产生直直的枝条——规律性地修剪有助于促进生长。被修剪过的榛树生长速度奇快，五到七年时间内可以达到 6 米（20 英尺）的高度，那时就可以将其收割。如果对树木进行良好地管理，它们可以生长大约 70 年，而经常被修剪的榛树林种植地可以为野生动物提供丰富的栖息地，也使其成为可持续性极强的作物。榛树枝条一般用来制作篱笆，或是捆成柴把，修筑河堤或大坝。

英国家具设计师罗素·平奇一直以来都期待用榛树木材进行设计，随后一个偶然的机会，他认识了一个因传统用途而种植榛树的人。他被允许从种植地砍伐一些枝条，并将其带回他的工作室。

这成果就是细枝家具，用很多榛树枝条堆放在一起而制成的一系列手工制作的座椅。这些枝条首先被烘干，而后用隐藏的金属钉将它们固定在一起，形成长条的、截面为正方形的体块，其中包括几百只不同粗细的枝条。整个体块随后锯到一定长度，使得枝条的尾端切割平整。平奇设计了两种不同长度的座椅：一个是长为 1.5 米（5 英尺）的长椅，另一个则是 45 厘米（18 英寸）的方块。

混凝纸扶手椅

时间：2007 年

设计师：马希德·阿西夫（Majid Asif）

混凝纸（Papier Mâché）——法语词汇，指把纸攒起来——在当今作为儿童手工艺而著名，不过在塑料发展起来之前，它曾普遍用于制作产品，包括玩具娃娃、储物盒和储物罐。几百年前这项技术在中国广为流传，但到 18 世纪末的俄国开始，用混凝纸做成、随后喷漆、再加上纯装饰的物品才流行起来。到了 19 世纪初，混凝纸做的独木舟在美国已经非常常见了。

这种技术制作出令人惊讶的强度高却重量轻的结构，尤其当用纺织品加固之后。如果用废旧纸张以及纯天然的水性胶制成，那么混凝纸便是一种环境友好的材料。

旧报纸是这件混凝纸扶手椅的原始材料，由英国设计师马希德·阿西夫设计，当时他是英格兰东南部的创意艺术大学的学生。他在 2007 年 7 月的伦敦新锐设计师展览上首次展出了这把座椅。

阿西夫的灵感来源于一篇讲述用报纸设计产品的文章。为了制作这把座椅，他一共用去了 120 层报纸，放置在一个可充气的模具里。首先将报纸浸泡在墙纸胶中，然后等外侧的壳风干之后，阿西夫将模具放气，并取出。每把椅子因其可变的模具不规则变化而具有不同的形状，且制作椅子的报纸也各不相同。坐在这把椅子上时，还可以随时阅读上面的文字。

无纺布家具

时间：2007 年

设计师：克里斯蒂安・考克斯

工业生产过程中经常会产生高质量的材料废料，它们被直接倾倒至垃圾填埋场或是垃圾焚烧炉，造成资源的浪费并引起环境的问题。但对于生产者来说，回收这些边角料并不划算：购买大批量的新材料要比回收自己工厂所产生的很小数量的相同材料边角料要便宜得多。很多设计师便开始将他们的注意力转移到这些废旧材料上，因其购买的价格十分便宜，又在被丢弃前经过了一系列的处理，因此它们具有独特的形状，而设计师正可以利用这一点设计不一样的产品。

荷兰设计师克里斯蒂安・考克斯收集了注塑成型机剩余的塑料栓头，并利用它们设计了一系列称为“无纺布”的家具。他将所有的塑料剩余件放置在金属模具中热熔，成型成碗具、台灯和座椅。“无纺布”和马尔滕·巴斯的“珍藏”系列家具（见第 87 页）有着异曲同工之妙，都是将废弃的材料变成一种新的产品。

考克斯 2006 年毕业于埃因霍温设计学院，并在 2007 年的米兰家具展和荷兰设计周上发布了他的这款“无纺布”作品。

地层

时间：2007 年

设计师：瑞安・弗兰克

“地层”是一系列用废旧办公家具中的木材制作而成的家具。该系列作品由居住在伦敦的南非设计师瑞安・弗兰克所设计，其中包括一把椅子、一个坐凳、一个咖啡桌和一个餐桌，全部由葡萄牙家具品牌 Imadetrading 所生产。该系列取名为“地层”是为了表现弗兰克利用从旧桌椅上取下的木板条和刨花板，拼接成的家具可以看见像地质层一样的可见纹理。

每一件家具包含 60% 至 70% 的回收来的材料。剩下的部分则是用由森林管理委员会认证的桦木胶合板制成——该委员会是一家国际组织，专门认证从可持续性管理的林地上产生的木材和木材副产品。胶合板是必需的，用于保证家具结构的强度。可回收的木材从“绿色工作”组织购得，该组织是英国的环保慈善组织，旨在减少办公家具被废弃到垃圾填埋场的数量。从 2002 年起，该组织已经阻止了 50 万立方米（约合 175 万立方英尺）的废旧家具被丢弃，转而将他们重新翻修、回收并重新销售。

“地层”系列家具的设计有着足够多的功能——座椅和坐凳的下方组合成一个具有储物功能的平台，可以存放像书本、杂志一样的物品，而咖啡桌也可以叠放在坐凳上以节省空间，并成为搁架。该系列是弗兰克早期项目的再发展。项目原名为“哈维（Harvey）”，是一把全部用废旧木料和回收的多层板和刨花板等木材制作的摇摆椅。该坐凳只限量生产了 10 把。

弗兰克的作品大多与城市环境问题有关，并与应对衰变和退化问题相关。早期的作品“哈克尼书架（Hackney Shelf）”，其特色是故意把刨花板平板放置在伦敦东区，在那里吸引了很多涂鸦艺人的注意，非法地在上面装饰了自己的街头艺术品。那些平板随后被用来设计为可移动的储物部件。另一个产品称为“交通（Traffic）”，是咖啡桌，其桌面用刨花板制成，那些刨花板平放在马路上，汽车和自行车从上面开过，于是表面就上印上了肮脏的都市生活的痕迹。

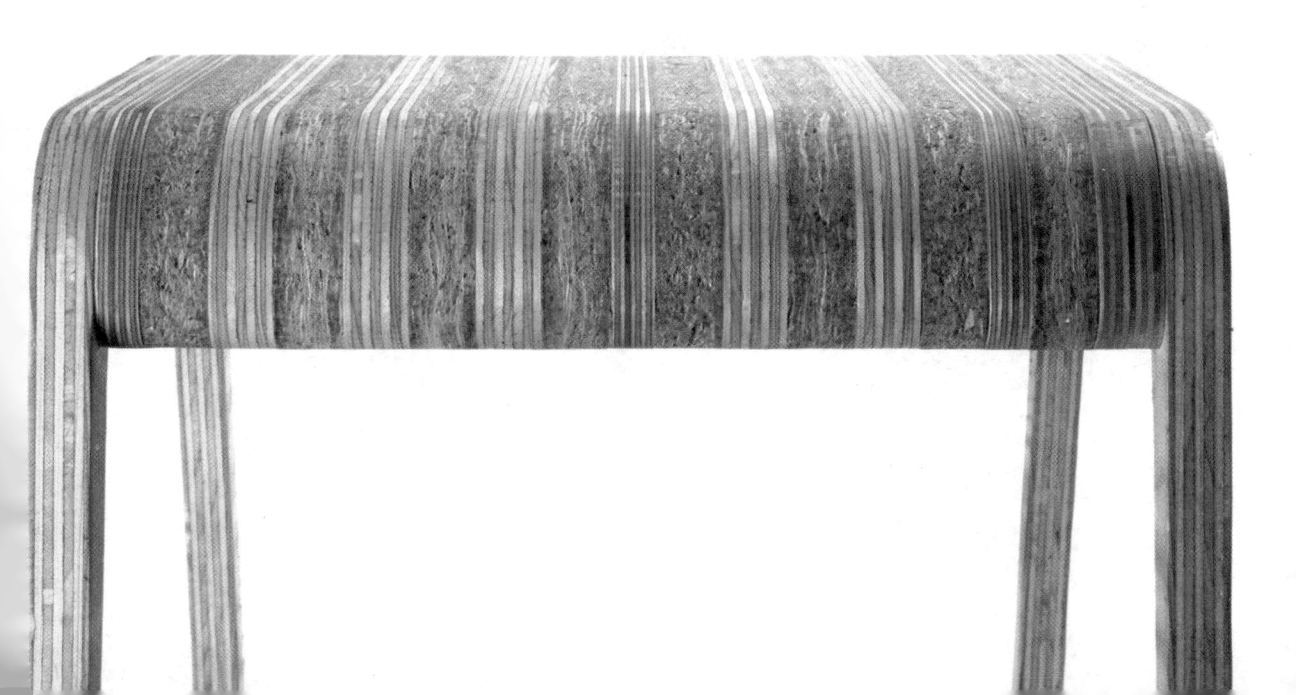

100 天的 100 把座椅

时间：2006~2007 年
设计师：马蒂诺·甘佩尔

“100 天的 100 把座椅”既是设计作品也是艺术表现，是由伦敦设计师马蒂诺·甘佩尔设计的系列作品，是将捡来的被遗弃的物品所组装而成的新产品。如同名字上所说的那样，甘佩尔为自己设定了一次挑战，在 100 天里每天做一把椅子，利用他所收集到的所有的多种多样的原始材料，包括从垃圾堆里捡来的垃圾，还有从他的朋友那里求来的废旧家具。甘佩尔每天回到自己的工作间里，从他的拾来品中选择一部分——其中大部分是废旧的座椅，不过也包括其他物品，比如吉他、篮子和自行车座——将他们组装成新的座椅。最终呈现的便是一系列 100 把完全不同的设计，其中有的是两种不同椅子的奇怪的组合体，有的则更像是抽象雕塑。

“100 天的 100 把座椅”项目旨在探索一种新的设计方式——甘佩尔面对的是一堆随机的物品，而他需要从中选取座椅部件，其制作过程中也充满着试验与错误。甘佩尔自己描绘这个过程为“三维草图”，而他对自己制作速度的强迫也表明，这不仅是一个手工制作的实践练习，也是一种生产不相同物品的流水作业。最终设计成的座椅在项目结束后被一家米兰的画廊购买，这些座椅能高度唤起、并且强烈暗示着它们曾经存在的状态。

2007 年，甘佩尔开展了另一个与之相关的项目，名为“如果只有吉奥知道（If Only Gio Knew）”，同样也是对现有家具的再设计。这一次，甘佩尔并没有用废弃的物品，位于意大利索伦托的“公园理念”酒店（Hotel Parco dei Principi）将一系列由意大利传奇建筑师吉奥·蓬蒂（Gio Ponti）在 1962 年设计的室内家具套件，交给甘佩尔重新设计。于是甘佩尔将其演变成一项破坏偶像的行动，把这些标志性的设计，全部锯开，重新设计为新的作品，证明那些只不过是可以再利用变为新物品的旧家具而已。

灰尘

时间：2004 年

设计师：于尔根·贝（Jurgen Bey）

荷兰设计师于尔根·贝是世界上顶尖的概念设计师之一，他所制作的产品是对当代社会问题的实验性探索，同时也是对实用型产品的建议。他的作品“灰尘”开始于 2004 年，不间断地一直在探索使用那些被人们广泛认为是垃圾的材料制作新产品的可能性。很多其他当代设计师也利用废弃或者不值钱的物品，将它们变成奢华的、手工制作的一次性产品——如照明设计师斯图尔特·海加思的作品（见第 19 页），或是家具设计师皮耶·海因·埃克的作品（见第 74 页）——不过，贝却有他的独到之处，他利用日常的灰尘制作家具，这种物质不美观，且似乎不可能用来制作产品。

通过一系列展览和装置设计，贝向人们展示了这种椅子及其他家具的原型——像吸尘器袋一样的座椅与吸尘器连接，这样灰尘就可以转变成一种舒适的、免费的填充材料。这项设计向人们展示了像灰尘——这种人们通常会花大量精力从家里扫除的东西——也可以有使用价值。

对于另外一个项目，贝邀请福尔波（Forbo）油毡制造公司的员工为他提供他们的吸尘器袋里的垃圾。他用此设计了一系列灰色斑点的图案，随后开始了他的新油毡系列设计。贝在这项设计中的理念就在于，如果地板上常年覆盖一种印有灰尘的地毯，那么就可以完全掩盖住后来掉落在上面的灰尘，于是就不需要经常去清洗。

“灰尘”是一件典型的贝的作品。他经常探索一些人们通常不会感兴趣的现象，然后颠覆人们的固有观念。在这项设计中，贝想象着，如果灰尘变成了人们希望留下而非处理掉的东西，变得具有价值而非毫无意义，那么又会发生什么呢？

潘诺椅

时间：2008 年

设计师：伊娃·吉耶（Eva Guillet）和阿鲁娜·拉特纳亚克（Aruna Ratnayake）/Studio Lo 工作室

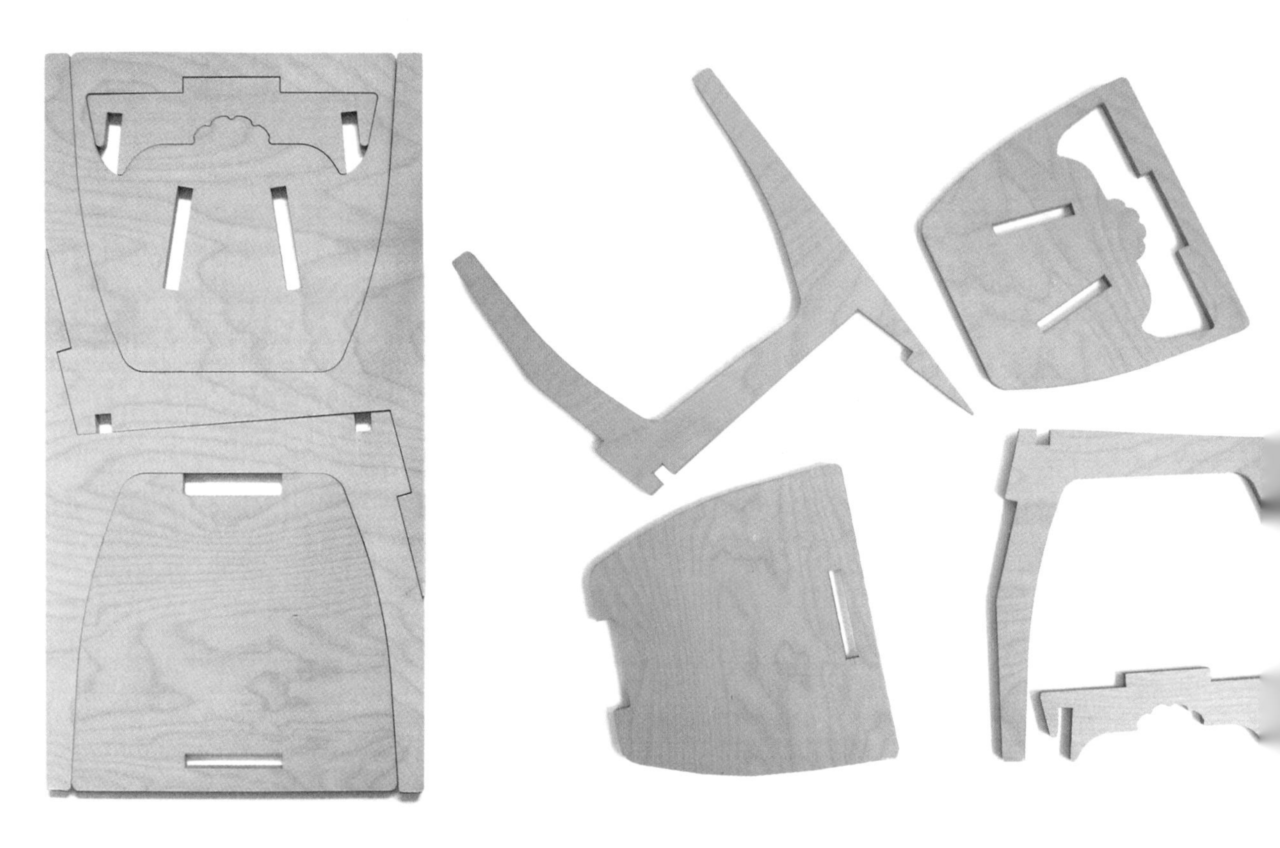

潘诺椅由法国设计事务所 Studio Lo 的两位设计师——伊娃·吉耶和阿鲁娜·拉特纳亚克所设计，座椅从一张胶合板上切割下来，几乎没有材料被浪费，是一件材料利用率极高的案例。

胶合板被精确地用水射流雕刻机切割分为五个相互咬合的部件：椅子两侧完全相同的两类部件，包括座椅腿，一个椅面，第四个部件是椅背，第五个部件是椅面下方的固定件。各部件采用榫卯结构，易于组装，不需要任何的胶水或螺丝钉。仅有的被浪费的材料是为了能够进行组装而从胶合板上切除的矩形槽。除了最小化地浪费材料外，潘诺椅的运输费用低廉，可以进行平板运输并在到达后组装。

尽可能高效地利用平板材料的想法已经成为当代设计师的一种小潮流。特别是在 2007 年，埃因霍温设计学院的研究生艾福林·瓦尔克（Evelien Valk）展示了一个橡木写字台，是用一张橡木板制成，并利用了这种方法切割板材，用到了所有木材而没有造成浪费。而在 2003 年，英国设计师本·威尔森（Ben Wilson）推出了一把可以自行组装的，名为 Chairfix 的椅子——一张密度板包含了椅子的所有部件，可以平板运输，只需要使用者自己进行组装即可。

生长的家具

时间：20 世纪 70 年代至今

设计师：**克里斯托弗·卡特莱（Christopher Cattle）**

利用自然去让产品自行“生长”，而非被制造出来，是很多设计师长期的梦想。他们预见到，终有一天生产过程中的废品会被高效率的生长有机体所替代。如果是这样，那么产品就像庄稼一样可以收割。随着科技的发展，医药产业已经可以在实验室中培养或克隆材料，尽管将其投入生产的研究仍处于初级阶段。

由利贝蒂尼工作室的托姆沙·高布扎蒂尔·利贝蒂尼设计的蜂巢花瓶就是利用蜜蜂在蜂窝中进行制造的产品（见第 53 页），也为这个领域的研究提供了一种可能性。同时，荷兰设计师约里斯·拉尔曼（Joris Laarman）设计了一系列名为“骨骼”的家具，模仿骨骼组织的生长，制作了看起来像是生长而成的、不是生产出来的座椅和桌子。但是，拉尔曼的设计并非是真正生长出来的，而是在计算机上设计，并用铝或树脂编制而成的。

英国设计师、手工艺人克里斯托弗·卡特莱从 20 世纪 70 年代起一直实验一种更加简单的可以“生长”家具的方式。他的方法便是，将三棵正在生长的树苗夹在胶合板的夹具中间，嫁接他们的枝条，这样经过几年的时间，它们最终融合在一起，收割后形成一把坐凳。坐凳需要大约五年时间成型，比传统结合方式的木家具更加结实，而且还不需要任何胶水和钉子，除了安装车削木的座面。由于它们是在户外生长的，因此它们并不需要额外花精力去种它，只需要定期检查，保证它们正常生长即可，它们是完全有机的。这种嫁接技术已被植树人利用了几个世纪。

每一个坐凳都有自己的特点，带有生长地域的特殊性。并且，卡特莱声称，漫长的生长过程需要极大的耐心——这是与立刻满足需求的现代消费主义截然不同的——并且由于它未来的拥有者可以看着它慢慢成形，这也建立了使用者和物品之间亲密的关系。

货板家具

时间：2006 年

设计师：尼娜·托尔斯特鲁普（Nina Tolstrup）

货板家具——如它的名字所说——这是一系列用废弃的木货板组装的座椅、灯具和坐凳。它的设计师是尼娜·托尔斯特鲁普，出生于丹麦，现居住在伦敦，为 2006 年百分百设计展销会设计了这个系列家具，该展览旨在探寻可持续发展的问题。展览被命名为“十（Ten）”，邀请了 10 位设计师创造产品，使用距它们的工作室 10 公里（6 英里）的范围内能找到的材料，制作预算仅有 10 英镑（2006 年时约合 19 美元）。展览的目的在于鼓励设计师和大众重新审视当代的一次性消费文化，转而寻找用普通材料巧妙地制作出更吸引人、更耐久产品的方法。

托尔斯特鲁普的作品是将货板的木条拆下来，这种货板被用于堆放物品的仓库里，方便用叉车搬运。不过她又在展览的主题中走得更远了一步，编写了一套说明书，可以让消费者自己制作家具。消费者可以在从 Studiomama 工作室购买说明书——这是托尔斯特鲁普设计工作室——需花费 10 英镑。

托尔斯特鲁普鼓励消费者用他们找来的废旧物品亲自制作自己的家具，这一点她跟随了其他设计师的步伐，如荷兰的托尔德·伯蒂（见第 14 和 46 页），他在 1998 年的“马马虎虎”项目中设计了一系列用日常用品组合成的家具，消费者可以自己安装它们。伯蒂提供了说明书，指导消费者如何制作这件家具，让消费者以尽量便宜的价格购买到做工精良的产品。

托尔斯特鲁普的货板座椅用到了两张货板和 50 颗钉子，而货板台灯则用到了一张货板、15 颗钉子、一个螺栓、一些重新利用的缆线和一个灯泡装配器。货板坐凳用到了 18 块货板切割下来的木块，并用胶水粘结在一起。

IOU“为慈善而设计”

时间：2008 年

设计师：加布里埃拉·古斯塔夫松（Gabriella Gustafson）和马蒂亚斯·斯托尔布卢姆（Mattias Ståhlbom）/
TAF Arkitektkontor 事务所

该系列的园林家具于 2008 年首次在斯德哥尔摩家具展会上展出，旨在兼具环境和社会可持续的目的。这款木质系列家具包括座椅、餐桌、坐凳、长椅和储物柜，是瑞典新品牌 IOU“为慈善而设计”的第一套藏品。该系列由 TAF Arkitektkontor 事务所的瑞典建筑师加布里埃拉·古斯塔夫松与马蒂亚斯·斯托尔布卢姆设计，他们尝试设计一款使用寿命长达一生、永远不需要替换的家具。这款家具是由西伯利亚的落叶松制作而成，材料本身就具有防风和防水性，因此不需要再在表面做任何处理。

在瑞典，用落叶松木来制作普通的家具已经有很长的时间，但是近些年来，由于更多外国的木材被引进到公众市场，它已经渐渐过时。这个设计意在帮助复兴这种极度耐用的木材，其产品作为一种可以一代代传下去的坚固的传家宝来销售，而不是时尚的代言，不是为了展示家具的现代风格。座椅的座面和靠背，以及桌子的桌面都是用不同宽度的木板条做成，意味着尽可能多地使用被砍伐下来的树木，减少废料。IOU 同时也试图保证其原材料的运输和最终的产品都是尽可能做到可持续的。

IOU 是一家慈善组织，它的产品研发、生产、配送、管理、市场经营与销售部门作为教育的基本，帮助社会边缘人士重新融入社会。贸易的获利都用来资助其他那些缓解人类痛苦的组织。特别的是，IOU 与瑞典军队的 CRIS（让罪犯重回社会）组织合作，该组织帮助罪犯和瘾君子们重新融入社会。通过 CRIS 组织，这些人可以参与到 IOU 的教育和培训项目之中。

第 4 章　纺织品及材料

在过去的几年内，织物和材料技术取得了令人瞩目的进步——然而，绿色设计领域的设计师们似乎忽略掉那些先进技术，更倾向于使用简单的、低技术含量的解决方案并且重新发现古老的工艺。许多设计师们自己动手制作材料，利用自然过程或者再生物质，这意味着回归到原始的手工艺为基础的家庭手工业的方式进行设计，而不是采用工业化的方式。

例如荷兰年轻的设计师雷特杰·范·泰姆（Greetje van Tiem）发现了一种用新闻纸手工纺织成纱的方法，她用这种纱制作地毯、窗帘甚至是衣服。她因而可以把这种废旧材料转换成一件定制的产品，并且产品的纹理还保留着废弃旧报纸上可辨识的文字和图片，让观者联想起它的原始面貌。凯瑟琳·哈默顿（Catherine Hammerton）采用了类似的方法，精心地利用可以找到的物品进行壁纸设计，例如邮票、蕾丝和一些从旧书籍上剪下的图片，或者是印在古老信封内的装饰图案。阿尔斯·桑托罗（Alyce Santoro）将废弃材料编织成织物，在她名为“声波织物”的设计中，丢弃的录音磁带被重新利用，制作成一种可以被“播放”的布料，展现出原始录音中的秘密。创意总监加里·哈维（Gary Harvey），在他的“循环标识，生态服装”

系列作品里，利用现有的衣服和废弃物，包括报纸和塑料瓶，重组它们以揭露服装产业的资源浪费。

所有这些设计师与来自其他领域的设计师们分享着共同的理念，例如家具设计师、照明设计师，他们同样远离设计师们对工业产品和制造材料的一贯的迷恋，而是从亲手改造日常生活中的原始材料中发现了乐趣。雷特杰·范·赫尔蒙德（Greetje van Helmond）便是如此，她仅仅利用糖果，从一大罐糖的溶液中提取结晶，制作出精美的首饰。

其他设计师鼓励利用自然材料进行创作。埃尔斯贝特·乔伊·尼尔森（Elsbeth Joy Nielsen）已经发现一种方法通过在作茧之前鼓励蚕吐很小面积的“丝板”，使得它们存活下来，而传统的方法会使蚕在吐丝后便死去。这些精美的“丝板”可以缝在一起制作成围巾或者其他产品，而蚕蛹就可以进化成飞蛾，继续他们的生命周期。杰尔特·范·阿贝马（Jelte van Abbema）则相反，他与微生物打交道，在纸张上印刷一种可以饲养和繁殖微生物的物质。这形成了黑暗区域，微生物聚集于此显示出图像和文字，而非利用墨水呈像。这两个项目都提示着我们，也许在未来，人类不再是开发利用世界的自然资源而是与它进行和平的相处。

格劳（Grão）

时间：2007 年

设计师：丽塔·若昂（Rita Jão）和佩德罗·费雷拉（Pedro Ferreira/ 佩德里塔（Pedrita）

该项目由葡萄牙设计团队佩德里塔设计，利用来自葡萄牙瓷砖厂的剩余瓷砖，被回收的、生产线的尾货，以及不再使用的存货，创造出一幅幅大型的可以复制摄影影像的壁画。

佩德里塔公司由设计师丽塔·若昂和佩德罗·费雷拉组成，在格劳项目中，他们收集使用过的瓷砖，然后对其进行数码扫描，用电脑记录它们的颜色和色调。等到他们已经选好壁画所要展示的图像，便把它录入电脑，电脑随即选择最佳的瓷砖组合来重现图片。然后瓷砖以传统的方式被重组固定在位置上。每一个瓷砖都有效充当着像素在数码图片中的角色，在近处看壁画是一个混乱的、不可读的瓷砖错位排列，但是远离壁画你就会看到一个清晰、逼真的画面。

葡萄牙是一个瓷砖生产大国，并有着用瓷砖装饰建筑物外立面和室内的悠久传统。这个项目展示了如何将不需要的瓷砖组合在一起形成可以在建筑上应用的精美拼贴画。格劳首先问世是在 2007 年的夏天，里斯本葡萄牙国家瓷砖博物馆举办的一个展览会上。这些瓷砖都是 20 世纪 60~80 年代被淘汰的设计，从一家名为 Cortiço & Netos 的葡萄牙大型建筑陶瓷销售商那里购买的。若昂和费雷拉在公司的档案里系统地记录了所有瓷砖的信息，摄像并扫描所有设计样品，以便有足够多不同颜色的瓷砖来创造出壁画，表现任意的图像。

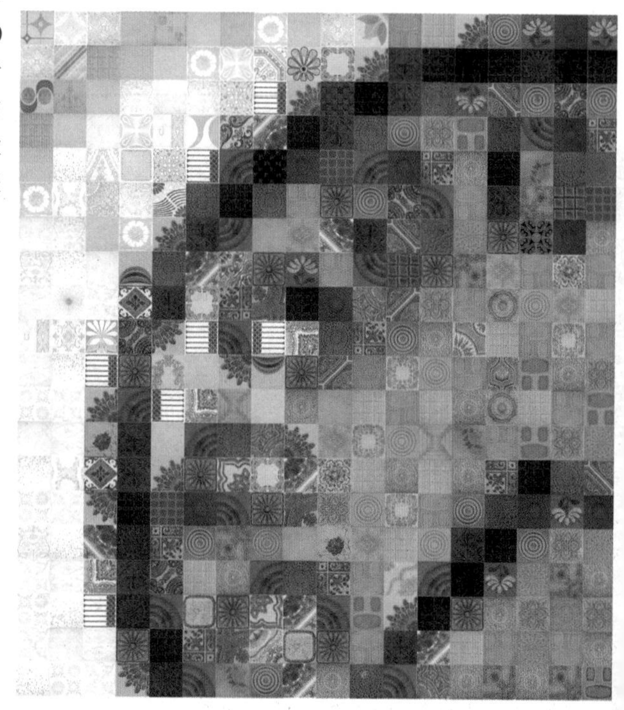

一次的美丽

时间：2007 年
设计师：雷特杰·范·赫尔蒙德

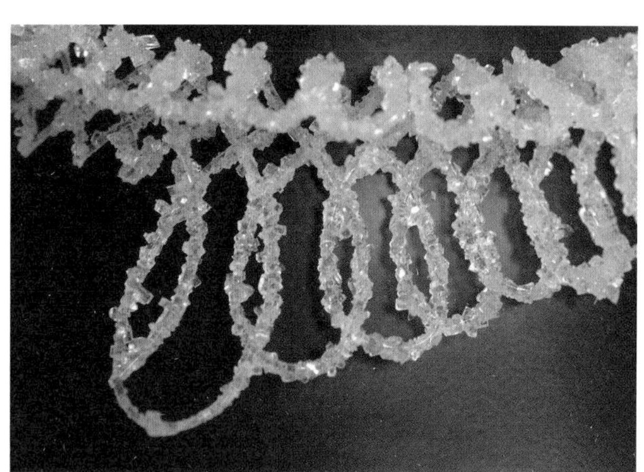

珠宝通常都是由昂贵的金属和宝石制作而成，然而在这件产品中，荷兰设计师雷特杰·范·赫尔蒙德却选用的是一种她所能想象到的最廉价并且十分易得的材料：糖。

该产品是她为 2007 年伦敦皇家艺术学院举办的毕业展所设计，是对当代消费模式的批评，即有价值的材料被制作成产品后，经短暂的使用后就被抛弃。范·赫尔蒙德倒转了这种惯常的消费模式，创造珠宝——通常会被珍藏许久的奢侈品——制作珠宝的材料却十分脆弱以至于只能佩戴一次。

范·赫尔蒙德设计的项链和手镯都是用糖的饱和溶液中螺旋状悬浮结晶制作的。糖的晶体自然形成螺旋状，时间越长，析出的晶体越多。形成最大的晶体要花费几个星期的时间。右图展示的是项链在一个大型玻璃试管中析出的过程，试管和铁架只是为展示之用，并无实际功能。

当从糖的溶液中取出后，晶体就像是最精美的手工制作的珠宝一样宝贵和精致，尽管大的晶体很坚固，但是小的晶体却十分脆弱以致不可触碰。该设计被称一次的美丽，部分原因是其寿命的短暂，另一部分则是对消费文化的评说。范·赫尔蒙德希望通过这个设计让人们思考，如何在制作贵重物品时不使用不可再生的自然资源，同时展示通过精心的制作，最普通的自然材料也可以制造出相同的效果。

声波织物

时间：2000 年
设计师：**阿尔斯·桑托罗**

声波织物用无人要的录音磁带编织而成，是一种可以被“播放”的可回收材料；录制在磁带上的录音可以听见。

在 2000 年，来自布鲁克林的艺术家阿尔斯·桑托罗开始收集使用过的录音带，并尝试用磁带编织和钩织布料。她的灵感来自于童年记忆中绑在父亲帆船上用于辨别风向的录音带条。她设想磁带上的声音在空中荡漾，就像藏传佛教徒相信被印在经幡上的祈祷可以在风中传播一样。

当桑托罗发现布料可以通过在其上方放置一台录音机，并运行盒式磁带头来播放声音时，她开始用她自己录制的，对她而言十分重要的音乐的录音带来制作布料。在 2004 年，她为自己的朋友，鱼（Phish）乐队的鼓手乔恩·菲什曼（Jon Fishman）定制了一件声波服装，他在拉斯维加斯的舞台上身穿这件服装，并且通过一种将磁头编制在内的特殊手套“弹奏”了服装上的音乐。

随着项目的扩大，桑托罗首先将编织的工作外包给罗德岛一个小型家庭作坊，然后又和一个在尼泊尔避难的藏族妇女所经营的手工合作社合作，正是这种藏族文化给予这个设计灵感。桑托罗把磁带交给藏族妇女，然后她们将其编织成诸如手提包一类的产品。

2006 年，声波织物被美国一家大型织物生产公司 Designtex 投入生产。商业化的织物是把磁带和棉材料混织起来，仍然在罗德岛的小作坊里加工，尽管现在的织物都是从巨大的废弃的、会被丢入垃圾场的磁带轴上获取的。很显然，这些织物很耐用并且十分舒服，要比它表面上看起来透气和柔软。Designtex 公司的声波织物在 2006 年纽约国际当代家具展上展出，并获得了最佳新型纺织品奖。

向北（North Tiles）

时间：2006 年

设计师：罗南·波罗列克（Ronan Bouroullec）和
艾尔文·波罗列克（Erwan Bouroullec）

“向北”是泡沫砖的一种革新的、灵活的系统，其表面覆盖织物，可以用于室内分隔空间而无需建造或者拆除墙壁。这些砖的生产严格遵守环境指导方针对材料和生产方法的要求，是法国设计师罗南·波罗列克和艾尔文·波罗列克为丹麦一家名为科瓦德拉特（Kvadrat）的纺织厂设计。

科瓦德拉特是一家十分重视环保认证的公司，签署了欧盟生命之花生态标签（一种鼓励企业采用环保做法的自愿性制度），并且通过了 ISO-14001 和 ISO-9001 环境管理

质量标准的认证。

它同时遵守丹麦环境保护部关于有害物质的清单——一份登记了约200种破坏环境的化学物质的清单——其下属的运输公司也被要求有自己相应的环保政策。

“向北”设计成可以自行悬挂和组装的产品，通过一个由可以折叠的标签和V形槽口组成的系统固定在一起，这样便可悬挂在顶棚或者墙面上。他们原本为科瓦德拉特在斯德哥尔摩的陈列室设计的，用来展示公司的色谱。这种砖由两片织物压在泡沫上组成，它可以被制作成各种颜色，用于各种各样的用途。除了可以用来轻松改变室内空间而无需改变建筑结构，这种砖还具有良好的隔音性能。

“向北”的这种灵活性，与波罗列克兄弟早前的两个产品很相似：“海藻（Algue）”，一种树枝状的轻质塑料，组装在一起可以用来构成室内隔墙；“细枝（Twig）”，一种模制塑料夹子，组合在一起可以悬挂屏幕。所有三种产品都提供了利用可重复使用的、轻质的零件，简单快速地改变室内空间的新方法。

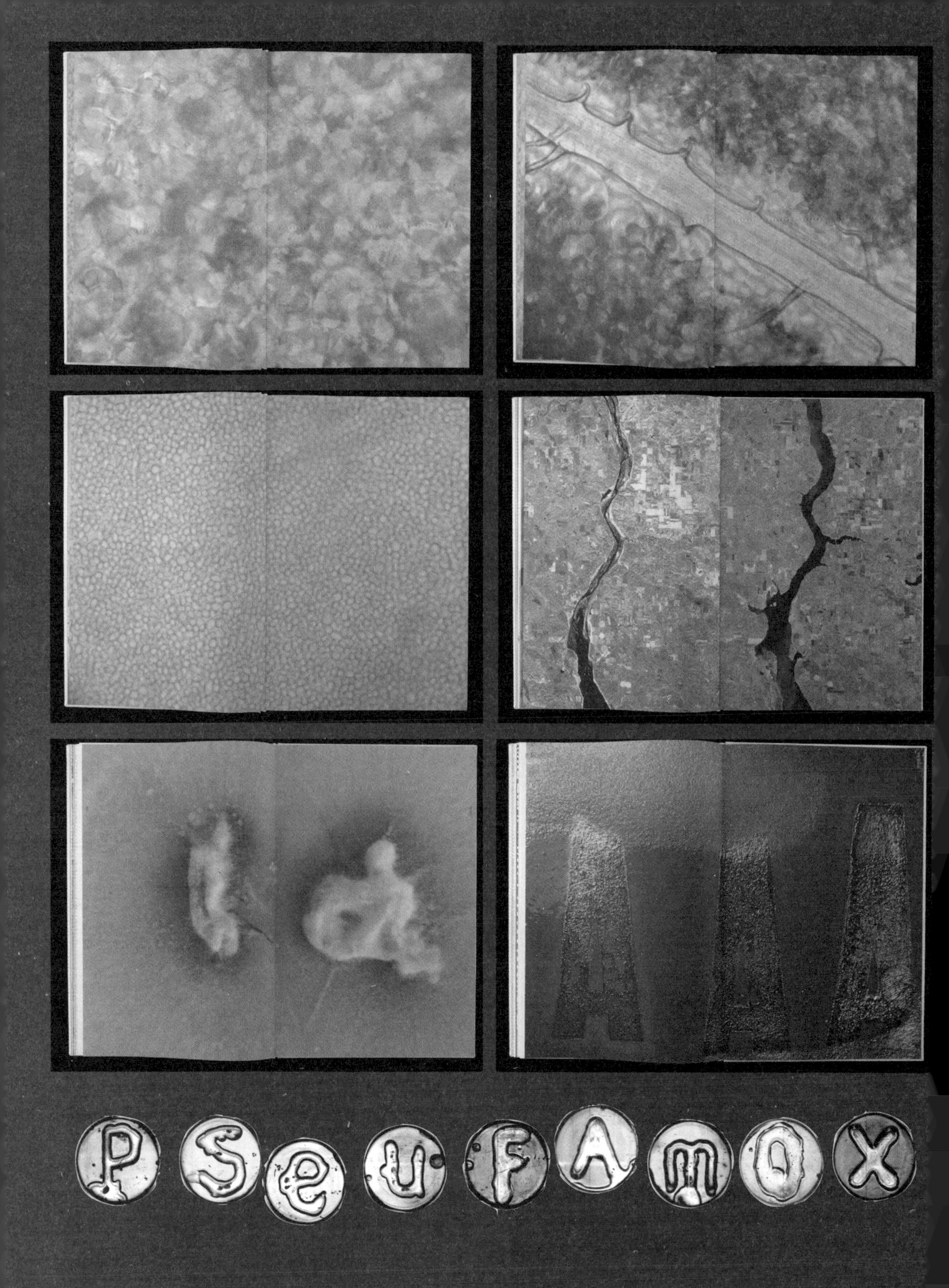
pSeuFAmox

共生

时间：2006 年

设计师：**杰尔特・范・阿贝马**

基因工程领域中的科技发展启发人们，通过自然过程，生物体将会逐渐地被操纵来制造有用的原始材料。当代设计师们将这些技术的发展对照着应用到自己的设计中，探索科学新方法如何改变创造物质的方式。荷兰设计师杰尔特・范・阿贝马已经探索出不用含化学物质的墨水在纸上印刷的可能性。他发明出一种用细菌印刷的方法，在纸上固定的地方培育它们，这样文字和图画就随着它们繁殖而形成了。

2006 年范・阿贝马在荷兰埃因霍温设计学院为他的毕业设计展而创作的"共生"项目。他在瓦赫宁恩大学进修微生物的课程，学习细菌和培育它们所需要的条件：它们更喜欢一个温暖潮湿的环境，最适宜在琼脂上培育，琼脂是一种细菌在其上面繁殖的凝胶状物质。范・阿贝马使用一种无害的随自身生长而变换颜色的着色微生物，将琼脂和细菌放到无涂层的纸上，用丝网印刷技术和木版水印技术来保证细菌被限制在纸张的正确区域。

纸张随后被放于密封潮湿的环境中，在那里一幅图画就会随着细菌的繁殖逐渐形成。在他最终的毕业设计中，他将公交站的广告展示盒转变成了一个巨大的有盖培养皿，放上一大幅由细菌印刷的纸张。接下来的几天，随着细菌的生长、用尽所有食物并最终死亡，空白的纸变成了一张包含一个巨大的而不停变换各种颜色的字母 A 的海报。

范・阿贝马并不认为无害的细菌在打印产业中可以代替墨水，但是"共生"项目提示了一种方式，在将来，自然可以被人驾驭从而提供环境友好的制造方法。

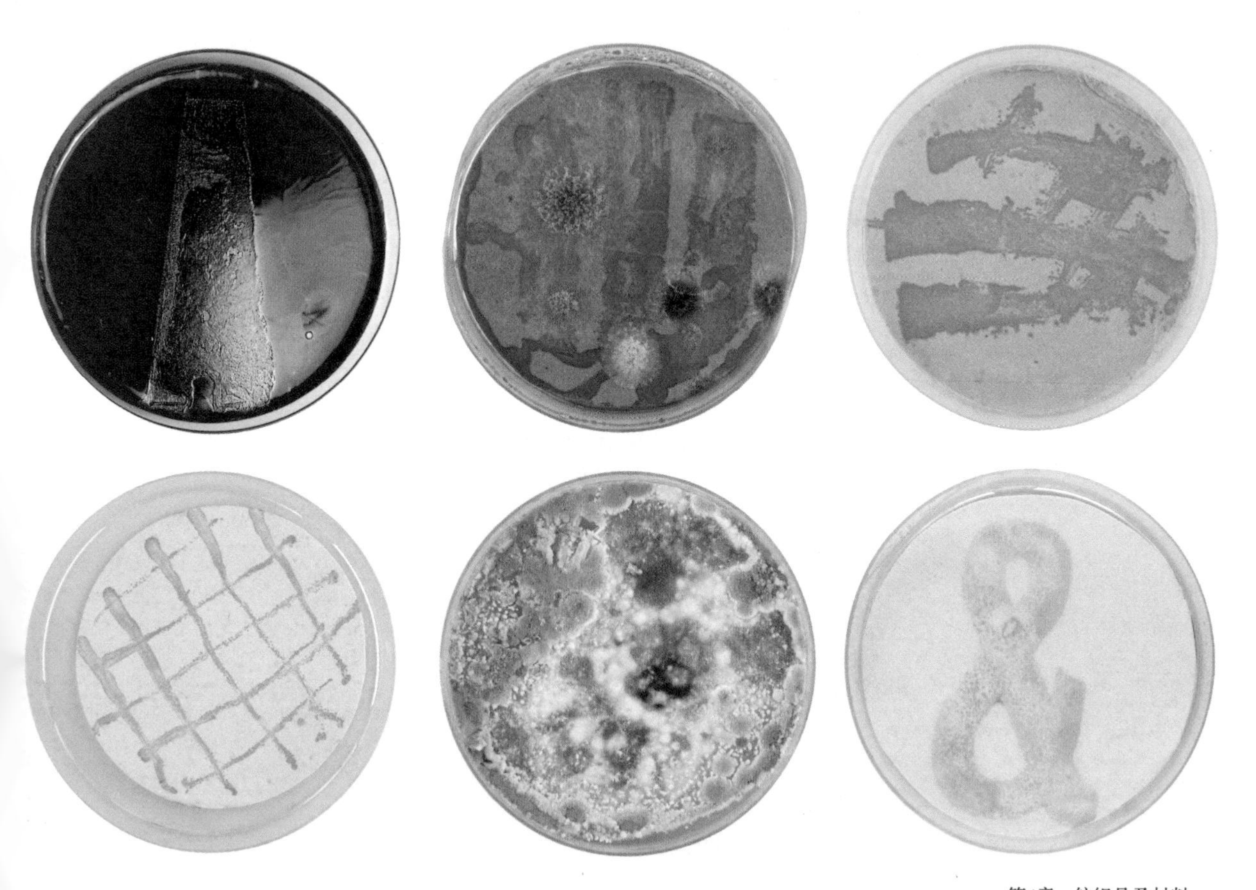

印迹

时间：2007 年

设计师：雷特杰·范·泰姆

荷兰的设计师格雷特杰·范·泰姆找到了一种新奇的方式使旧报纸能够回收利用，她把报纸处理加工成为纺线，并编制成布料。范·泰姆把这个项目作为自己的毕业设计在 2007 年埃因霍恩设计学院毕业展上展出，并把它命名为“Indruk”，也就是“印迹”。

为了制作这些报纸纱线，范·泰姆把旧报纸裁剪成细条，放在传统的纺车上纺成细线。在缠绕纸张的制作过程中，她并没有在纸中混入其他的材料来增加线的强度，直到制作完成之后，才在表面涂刷一些化学试剂，以增加材料的耐火性能和色牢度。每张报纸可以制作成 20 米（65 英尺）的线，印刷在报纸上的文字和图片在纺成的线上可见，提醒人们想到它的来源。范·泰姆把制作好的纺线加工成了各种织物，包括地毯，窗帘以及饰面材料。尽管织物是纯粹由旧报纸制作的，但却具有极好的防水性和耐久性。

很多年轻的设计师都在尝试着把废旧材料转变成新的意想不到的美妙产品，范·泰姆便是他们之中的一员。尽管废品回收的比率正在逐步提升，但纸张和纸板箱占了日常废品的大约 40%。以澳大利亚为例，据澳大利亚国家出版环境局的统计，约 75% 的报纸都能被回收再利用——是全世界纸张回收率最高的国家。回收的报纸中，一部分用化学的方法去除油墨后与新的木纤维混合重新制作成报纸，但大部分被回收制作成了各种纸板箱和纸浆包装产品，比如鸡蛋的包装盒。报纸一般被印刷在相当低档的纸张上，其纸浆的构成是用木材的边角料，混合着大约 20%~40% 的回收纤维。

手工壁纸

时间：2005 年，2007 年
设计师：**凯瑟琳・哈默顿**

年轻的英国设计师凯瑟琳・哈默顿制作了限量版的奢华的手工壁纸，经常使用来源于古董店中或者现成艺术品中的古老的元素，作为一层层精美的细部图案加入到她的设计之中。她的作品与伦敦其他的家具以及灯具设计师的作品有很多的共同之处，比如斯图尔特・海加思和科米泰工作室，也是能够注意到一些别人丢弃的东西中的美。哈默顿将类似的设计原则也应用于她的二维作品中，包括室内装饰品、织物以及壁纸。

哈默顿的墙纸系列作品（右图）在 2005 年面市，采用丝印技术设计，表面饰以古老的纤维、从邮票上剪下来的元素以及来自于旧杂志的图样。她设计的维多利亚娜（Victoriana）系列则为手工绘制的图案，配以从古典壁纸和蕾丝上剪下的手绘的鸟的图案。

她设计的花盘（Blossom Panel）（下图）在 2007 年推出，是一种用蜡纸炖锅制成的壁挂，上面印有彩色的图案，和那些在快餐店中使用的一样，但经过染色、切割和缝纫，给予了它们细致的美感。“飘舞（Flutter）”同样也是 2007 年的设计，这是一个三维的墙纸，把旧信封的内面剪成银杏叶的形状，并把叶片缝制在壁纸上随意地悬挂。

丝绸的故事

时间：2007 年

设计师：埃尔斯贝特·乔伊·尼尔森

养蚕业，以生产蚕丝为目的而培养蚕，已经实践了几千年，最早起源于中国。然而传统的获取蚕丝的方法是要在蚕变成飞蛾之前杀死它们。年轻的荷兰设计师埃尔斯贝特·乔伊·尼尔森改进了一种新的、更加可持续的方法来获得蚕丝，并能让蚕完成它的生命周期。

商业的养蚕过程中，蚕——桑蚕蛹的幼体——用桑叶进行喂养，直到它们准备好化蛹为止。这时，它们吐出生丝线编织成保护性的茧，生丝线由唾腺分泌出来。每只蚕蛹吐出一根长达 900 米（984 码）的蚕丝，当它准备破茧的时候，它会分泌出一种酶来分解蚕丝，之后才能破茧而出。这样会使得蚕丝失去商业价值，所以在蚕蛹破茧之前，茧被放到沸水中，等蚕蛹被杀死之后，蚕茧会容易解丌。

尼尔森在荷兰埃因霍温设计学院就读期间开发了生产丝线的另一个方法。当蚕准备做茧的时候，尼尔森把它们放在一个四边翘起的平面卡片上，卡片粘在木棍的顶端。蚕在卡片上爬来爬去，寻找一个稳定的地方来做茧，爬过的路上就留下了一条生丝。当蚕在卡片上来来回回地爬过几圈之后，丝线重叠起来，编成精美的丝网。

当丝板成型后，尼尔森将蚕取走，让蚕蛹在一个稳定的地方做茧，之后成长为蛾，破茧而出，继续繁衍后代，开始新的生命周期。而丝板就可以用来制作精美的围巾（右图）或者其他产品。

循环标识，生态服装

时间：2007 年

设计师：加里·哈维

从 20 世纪开始，衣服已经从被多次修修补补并反复易主的东西变成今天被公认的一次性使用的物件了。根据美国环境保护署固体废弃物办公室的研究，每个美国人一年丢弃的衣服和布料平均有 31 公斤（68 磅）以上，占所有城市固体垃圾的 4%。

2007 年，作为对服装工业大量浪费和回收利用方面不足的批评，伦敦设计师加里·哈维设计了一系列完全利用回收的衣服、布料和其他材料制作的作品。其中九件服装在伦敦时尚周 Estethica 展中展出，其中包括一件用十件新娘礼服重新制作的结婚礼服。每一件服装都直接反映出了服装工业中的浪费。哈维设计的棒球马勃裙（Baseball Puffball dress）（下图），使用了 26 件废旧尼龙棒球衫，批评使用高级布料制作高性能的运动装已经进入时尚主流，导致产生不可循环利用、不可降解的衣服，只能在一个赛季后被遗弃。黑色 T 恤裙（Black T-shirt Dress）（右页左图）是用 37 件廉价的、印有商标的针织衫制成，这些针织衫是品牌商为了推销其商品而分发的，由血汗工厂的廉价劳动力生产的。这些短袖衫被裁减并手工缝制成了现在这件收腰打褶长裙。牛仔裙（Denim Dress）（右页右图）用 42 条旧的李维斯 501s 牛仔裤做成，这个作品是对另一种现象的评价，即衣服最初设计为工人长期穿着的物品，而现在却变成了一种时尚产品，经常被最新的潮流所不断取代。洗衣袋裙（Laundry Bag Dress）（右下图）由 21 个格子花纹的洗衣袋制成，是由来自于回收塑料瓶中的再生塑料制成。

哈维曾是李维斯公司前创意总监，如今在发展自己的品牌，名为“循环标识，生态服装”。

WORLD TOUR

第 5 章　产品

设计师面临的环境难题在产品设计领域中显得更加突出。当今，全球经济依靠对产品需求的不断增加——这是一种不可持续的局面，随着越来越多的工厂为满足市场的需求建立起来，势必意味着能源的消耗和环境污染的不断增长。为大型公司工作的产品设计师通常通过减少他们的产品所使用的原材料、减少他们消耗的电能以及运输包装等等来尽力缓解环境问题。

最近，由于消费者对电费上涨变得十分敏感，很多制造商将降低电器功耗作为一个目标。富有创新精神的设计师由此发现了商机，发明了很多自主创新的产品，这些产品可以监控家里其他设备的用电量，让消费者更清晰地知道自己的用电账单。由英国设计团队京都 DIY（DIY Kyoto）设计的“华生”就是这样一个装置，将累计的家庭用电量显示在 LED 屏上。

大型制造商对于绿色产品的探索一般相对缓慢，同时很多公司承担“绿色清洗”的指责——通过鼓吹不存在的环境认证来试图提高自己的声誉和销量。但随着消费者意识的崛起，商家逐渐开始响应环保。由工业设计师肖汉工作室（Chauhan Studio）设计的“生态桑迪”就是现有的一部尽可能绿色环保的家用电话，它的外壳是用回收的塑

料和包装材料制作而成。

制造商通常要生产大量的商品来为建立生产线的高成本辩护，但是快速成型技术的迅速发展增加了商品就地按需制造的可能性。减少碳足迹纪念品就是一个诠释这个理念的概念设计，建议游客通过电子方式给家里的朋友赠送纪念品，而不是采用传统的邮寄方式。

尽管全球一体化，但世界上有很大比例的人口仍然缺乏基础设施。许多设计师不得不针对这种情况为发展中国家设计专门的产品。本章包括一系列的人道主义产品，例如阿尔贝托・梅达（Alberto Meda）和弗朗西斯科・戈麦斯・帕斯（Francisco Gomez Paz）设计的太阳能瓶，它只需靠太阳能便可净化水源。

但是在这些为发展中国家设计的产品中最为人称赞的要数"让每一个孩子拥有一台笔记本电脑"，由伊夫・贝阿尔（Yves Béhar）为世界上五亿没有用上电的人们所设计，它将对贫困国家的教育状况产生革命性的影响，并显示出设计师可能在改善生活方面起到巨大的作用。

生命之环

时间：2007 年

设计师：若里·斯帕（Jori Spaa）

珠宝制造业将贵金属和宝石加工成欲望的载体，其品质和质量与其原材料的稀有程度成正比。这一银戒指系列结合了当代制银技术与环保情结，取代了传统切割的钻石、红宝石或者其他珠宝，而是采用并不被认为很珍贵和稀有的东西：种子。

2007 年埃因霍温设计学院的毕业展上，荷兰设计师若里·斯帕第一次展出他设计的生命之环（Levinsringen）系列。灵感来源于植物储存和散播种子的奇特方式，每十个手工打造的戒指镶嵌多种种子或者单一种子，与一个散播种子的装置一同装在戒指的外壳里，戒指的形状都与它特定的物种相关。比如玫瑰，玫瑰果被装在一个尖状容器中寓意棘刺保护着玫瑰，而罂粟里成百的罂粟种子被装在一个胡椒瓶式的容器中。蒲公英的种子则是装在一个微型的法国圆号形状中，使用者可以吹散像背着降落伞一样的种子。斯帕还设计了洋葱，种子固定在薄薄的银戒指上，必须先将外面一层层剥开才能看到。

因此，斯帕的戒指既包含情感信息也包括环境信息。生命之环的持有者（或者接受人）可以设定特有的释放种子的时间，在这个过程中潜在地创造新的生命——这是一种具有明显象征意义的行为。但是戒指也涉及植物物种消失这样一个当代问题，具体来说涉及一个宏伟的保护项目，试图为子孙后代收集和保存地球上所有植物的种子。斯帕引用挪威的斯匹茨卑尔根群岛种子库作为灵感来源——种子库是一个切入北冰洋挪威斯匹茨卑尔根群岛山脉中的巨大的冷藏室。科学家们担心，多达 10 万个植物物种正在受到气候变化、过度开采、栖息地消失和外来物种入侵的威胁，种子银行——从 2007 年开始收集种子——旨在作为濒临灭绝物种的“灭亡报告书”。

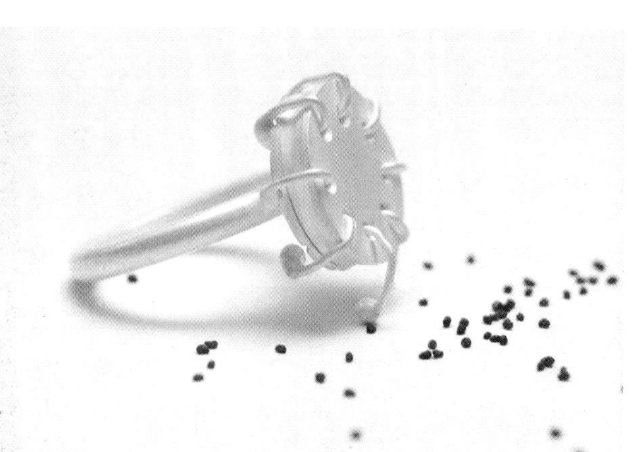

在英国有一个类似的项目名为千年种子银行，目标是到 2020 年保存的种子类别覆盖到世界植物物种的 25%，储存在西苏塞克斯郡专用的建筑物内。拥有最稀有和最具有潜在价值的物种，种子被保存起来，犹如有对抗未来灭绝的保险单，并且为研究提供植物材料。

一次甜蜜

时间：2003 年

设计师：埃米利亚诺·戈多伊（Emiliano Godoy）

许多产品在被扔掉之前仅仅被使用了极短的时间。除非它们是能进行生物可降解或回收利用的，这些一次性产品最终到了垃圾填埋场：一个用了 10 分钟的产品可以原封不动的保持数百年。

为了应对这一日益严峻的问题，墨西哥设计师埃米利亚诺·戈多伊研究了使用糖——这种无害并且可以进行生物降解的自然材料——以取代如塑料和陶瓷材质制作短寿命的产品的可能性。他创造了一系列用糖制作的产品原型，来证明这种材料的多功能性。一个由八个完全相同的模压段组成的台灯；糖高尔夫球钉可以被留在高尔夫球场无害地溶解掉；挂衣钩则展示了糖也可以制作耐久的产品。戈多伊同样用糖陶土制作了飞靶，取代那些投射的时候会产生有害粉尘的传统陶土飞靶。

糖是一种万能的农作物，种植它是为了它的纤维，不仅可以用来作为动物的饲料和燃料（乙醇，一种由甘蔗制成的广泛应用于巴西的汽油替代品），同样也可用作为食物。甘蔗渣这种初加工后留下来的粗纤维同样可以用作燃料——尤其是为糖厂提供能源——也可以造纸和制作包装。每 100 公斤（220 磅）成熟的甘蔗生产 40~50 公斤（88~110 磅）的甘蔗汁，经加工可以产生糖浆和精制糖。

糖通常被认为是一种碳平衡的材料。但是一些估算表明用于种植、运输和处理加工糖类作物所消耗的矿物燃料能源比来源于甘蔗中的能量要多三倍。

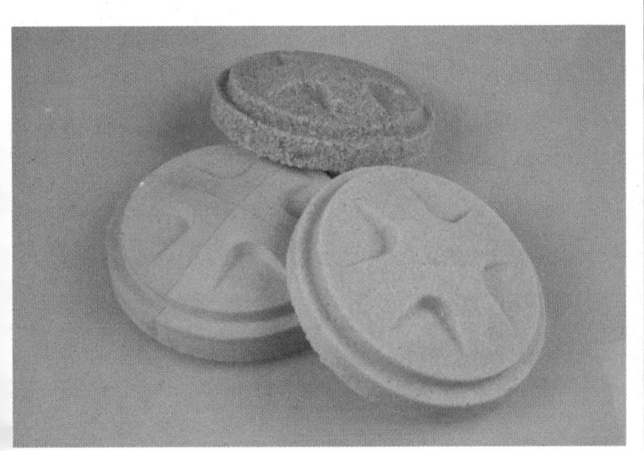

房子的开关管家

时间：2007 年

设计师：杰克·戈弗雷·伍德（Jack Godfrey Wood）

许多电气设备即使在不使用时仍然持续耗费能源。待机模式，最初开发用以节约用电，提倡人们离开设备的时候使用待机模式而不是开关设备。一项由德国联邦环境局和联邦环境部进行的调查，估算出 11% 的家用生活能源都消耗在设备的待机模式中，相当于两个发电站每年的输电量，并且占国家温室气体排放量的 1.5%。另一项由加利福尼亚州能源委员会进行的研究计算出用于家用音响系统的能源中的 93% 在未使用时已流失。

由英国设计师杰克·戈弗雷·伍德设计的“房子的开关管家”是一个能够关掉家里不必要的电气设备从而节约能源的装置原型。这一装置是在造型为房子的插座面板中加上按键开关，在离开房子的时候设备会被激活，即出于安全原因——预防火灾，例如因失误忘记关加热器或者电熨斗——也出于环保原因。

这种开关目前只是一个概念并没有被制造，但是它所引起的媒体关注有助于吸引人们关注到家用电能的浪费。然而，仍有两方面观点为电子产品使用待机模式辩护。一方面观点认为不断切换电脑或电视等设备的开和关，消耗更多的能源并且降低了它们的使用寿命。其他人认为如果待机模式被移除，用户离开的时候会一直把设备放置于一个全功率的状态。

戈弗雷·伍德还设计了另一个旨在提高人们对能源消费意识的产品。该系统名为“熔解”，其插头背后的显示屏显示着它所插入的设备每年运行成本的估算值。插头显示数值仅需一块电子墨水屏幕，使用电子墨水屏不仅方便读取数据而且只消耗很小的能源。

透明电源线

时间：2005 年

设计师：安东·古斯塔夫松（Anton Gustafsson）和芒努斯·于伦斯韦德（Magnus Gyllenswärd）

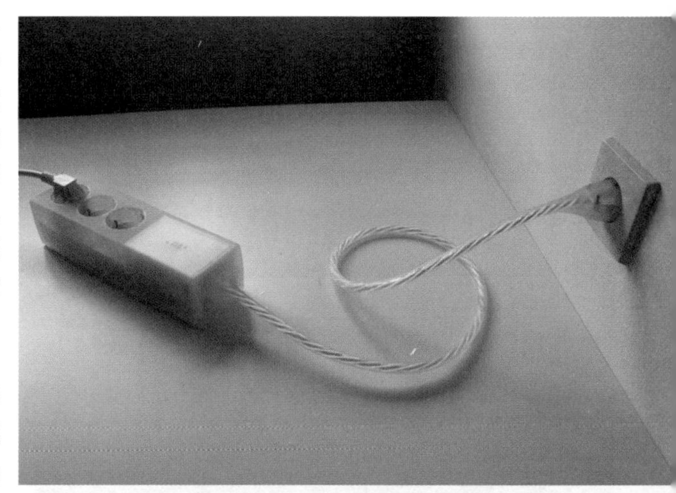

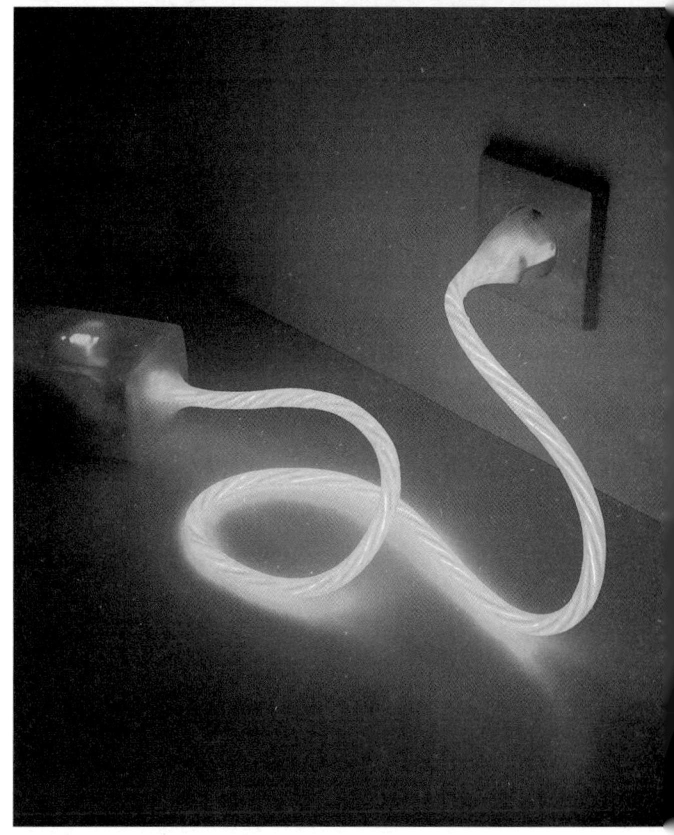

电源线传输电流往返于光源和其他设备之中，为了尽可能的使其隐形不易被看见，它通常是由黑色塑料制成并被隐藏起来。透明电源线却反其道而行之。电线嵌入电致发光的电线中，当电流经过的时候会发热变蓝。在脉冲或者流动过程中，通过发光的强烈程度不同，电线显示出的光亮，暗示着电流正在通过电缆，提醒着能源正在被消耗。当电致发光灯丝的灼热更强烈的时候则表示更多的能量正在被使用着，透明电源线使人们注意到电能的消耗，并鼓励使用者节约能耗。当使用者不小心忘记关掉设备的时候，透明电源线同样扮演着一个不可忽略的提醒的角色。

透明电源线由瑞典设计师安东·古斯塔夫松和芒努斯·丁伦斯韦德设计，是名为“静电！（Static!）”的能源意识项目的一部分。该项目由瑞典能源局提供资金，也是瑞典 2005 设计年的一部分，可以看到许多设计师设计的旨在强调能源使用问题的产品。透明电源线强调这样一个事实，由于电流是不可见的，所以用户很少考虑到它，因此常常抵制节约电能的理念。据有关电源线的市场调查显示，人们很容易将蓝光与消耗的电能联系到一起，被调查者认为如果能够教育孩子节约能源，并且估计到设备处于待机模式中所消耗的电量，这种产品将显得非常实用。

透明电源线是“静电！”项目的概念设计之一，已进入样品阶段并且开始生产限量版。

绝缘项目

时间：2007 年
设计师：**斯科特·阿穆伦**（Scott Amron）

纽约设计师斯科特·阿穆伦形容自己“是一个自由的电气工程师、设计师、概念艺术家和发明家”，但是这次的系列原型产品都超越了这些学科的界限。他的绝缘项目是一系列诙谐的概念设计，目的是为了让人们意识到自己大量使用的电能，并且为家用电器配件寻找新的用途。

该系列中每一个产品都利用了标准的电器配件，例如插座、电灯开关或者灯座，但是这些东西并不消耗电。这个系列的名字来源于“绝缘体”，意为一种不可导电的材质。在绝缘项目系列中最简单、最有诗意的是一个带有插脚的软木塞插在一个美国标准插座上，比喻在插口插上插座防止能量泄露。同样，阿穆伦的作品 GND 是一个伸出一片陶

瓷树叶的电源插座，树叶挡住插座，好像地球自己在恳求人类不要使用电力。“大地通过GND露出来”阿穆伦说，“地球恳求‘不要使用这个出口’”。

“蜡浊”（Candull）是一个底部安装着螺纹接口的蜡烛，这样可以代替工作灯中的灯泡。只要电灯有可以倒转的铰头，都可以变成一个低污染光源的基座。其他产品利用插座成为毛巾架、植物架、灭火器的架子，甚至是牙刷架，而另一个叫作“关闭（Off）”的项目是一个改良版的电灯开关，它用衣服挂钩代替开关。当衣服或其他东西挂在上面时就将开关拉下并关闭电源，由此来鼓励人们节约电力。

生物机器人

时间：2007 年

设计师：朱尔·詹凯尔（Jule Jenckel）

随着对未来化石燃料储备的可用性和安全性越来越多的关注，以及对燃烧煤炭、石油和天然气所造成的环境问题的担忧，寻找替代资源的工作已经展开。该项目由德国设计师朱尔·詹凯尔就读于伦敦皇家艺术学院时设计，探索微生物燃料电池的潜质——其能量的来源是利用微生物腐败食物时产生的化学能量和电能。微生物燃料电池，简称 MFCs，可以在像葡萄糖、醋酸甚至是废水上运行。科学家已经初步开发出一种 gastrobot——用食物充当能量的机器人。例如“Chew Chew”是一个像机器人一样的火车，由南佛罗里达大学工程学院设计，它的移动靠轮子完成，能量则仅是由方糖提供。

正如一般科学研究发展一样，MFCs 和“gastrobot”还没有对大众公开，一部分原因是它们很难被理解，而且看起来也不是很有趣。在生物机器人项目中，詹凯尔试图采用这个领域的科学研究成果，与生物工程里的先进技术相结合，给予它们一个实体形态，让人们更容易理解它们在未来将如何被利用。

詹凯尔的生物机器人设计是通过生物工程制作的胃，在实验室里生长，随后作为小型便携式电源使用。一旦装满糖、肉、酒精或者其他废弃食物，生态机器人会通过标准电线和插座产生少量的电；当需要更多的能量时，可以把几个机器人连在一起。这个设备需要像关爱宠物一样爱惜，因为它们将像生物体一样生存。当然，作为对未来能源的探索，生态机器人也试图引起关于这项技术是否可被接受或者是值得的讨论。

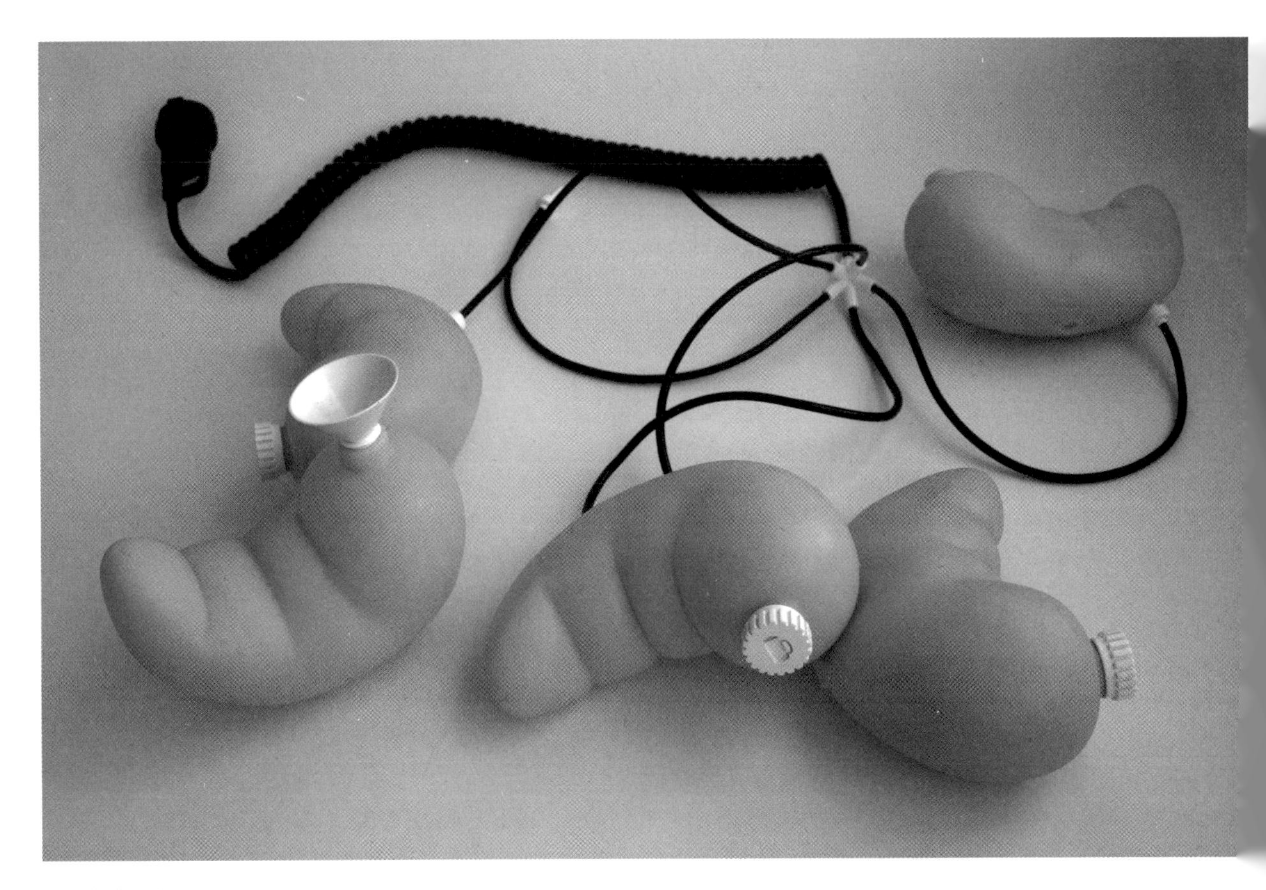

换气扇

时间：2007 年

设计师：**史蒂文·凯塞尔斯（Steven Kessels）**

史蒂文·凯塞尔斯的换气扇是对轻轻一按开关便可轻松操作的产品的浪漫的解构，使人回想起热带殖民地的低转速顶棚风扇。风扇靠人力运转而不是电力，使用者必须花费时间和精力去转动手柄来获取凉风，而不是依靠仆人来操作。

年轻的荷兰设计师凯塞尔斯设计的换气扇是为了 2007 年他在荷兰埃因霍温设计学院的毕业展准备的。它由安装在顶棚的木制扇叶组成，仿照飞机螺旋桨制造而成。扇叶的旋转是通过控制一个钢的传动轴来完成的，传动装置贯穿了顶棚，沿着墙壁连接一组大齿轮。手动曲柄安装在其中一个齿轮上，通过绳索滑轮将力量传递到天花上；当手柄松开，重力就将力向地面传递，驱动齿轮向反方向运动并带动扇叶。几分钟的做功可以让风扇旋转一个小时或者更长的时间。堆叠更重的重量，则可以让风扇旋转的更快。

凯塞尔斯的设计灵感源于对老机器的热爱，使用者可以看见其组件装置。与之相反，现在很多产品都将其工作原理隐藏在包装中。凯塞尔斯坚信，齿轮和滑轮的工作原理是十分完美的，并且应该被展示出来。因为不需要任何电能和燃料，这个风扇也是对我们现代人过于依赖能源消耗较大的机器的批评。

贝莱尔

时间：2007 年
设计师：马蒂厄·勒汉努

家中的空气质量往往比户外的差很多。服装、家具、电器以及清洁产品都会散发出对健康有害的污染物；比如，应用在家具生产中的塑料会散发出苯、甲醛和三氯乙烯等化学物质，其中后两种是已知的致癌物。温暖的温度和潮湿会让散发情况更加严重。

为了解决这个问题，法国设计师马蒂厄·勒汉努与哈佛大学科学家大卫·爱德华兹（David Edwards）联手，利用植物本身的净化功能创造出一种空气过滤系统。他们的成果称之为贝莱尔（Bel-Air），是一种用玻璃和铝制造的容器，作为已经了解它们净化能力的植物的小型温室，去除空气中污染物。风扇将空气抽入容器内，然后空气被释放之前会通过植物的叶片和根系过滤。植物所处的湿润环境将作为第三层过滤程序。与其他的空气净化系统不同，它不需要更换或是丢弃滤芯，因为化学物质会被植物自己吸收或者中和掉。

这个设计是基于 NASA（美国国家航空和宇宙航行局）于 20 世纪 80 年代完成的一项关于宇航员健康情况的研究，宇航员长期被限制在空间站中，暴露于空间站内布料所散发的有害物质和废气中。NASA 认定了有几种植物对于去除空气中的有害气体有显著效果，包括非洲菊、喜林芋（一种白星海芋属的植物）、大银苞芋（白鹤芋）、pathos（常春藤的一种）和吊兰属（包含蜘蛛草的一属）。

贝莱尔为 2007 年巴黎实验室文化空间展设计，并且已经定于 2009 投入生产。

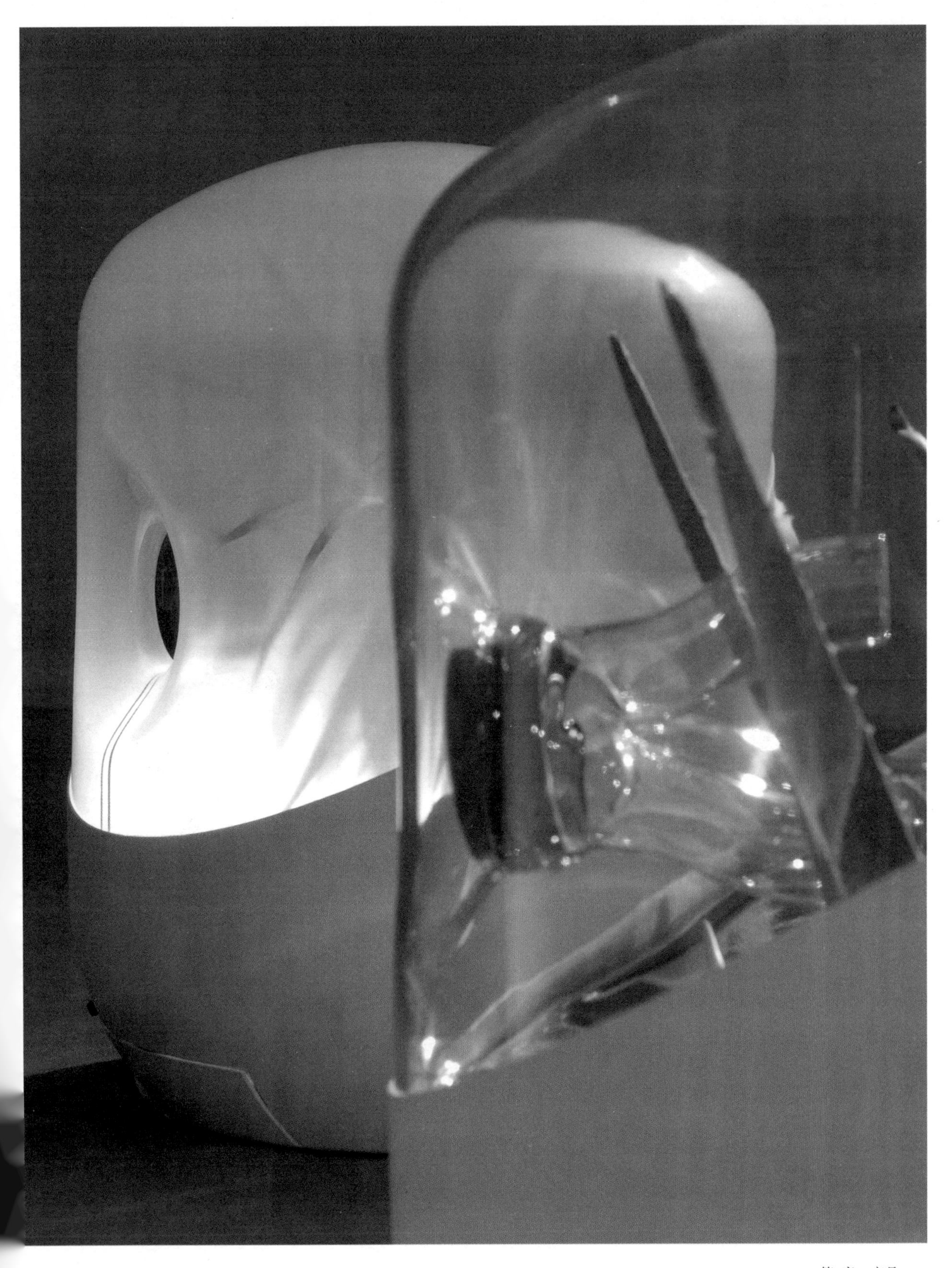

邮递电话

时间：2007 年

设计师：保罗·普利斯特曼（Paul Priestman）/ 普利斯特曼·古德（Priestman Goode）公司

“邮递电话”利用了一个熟悉的物品——固定电话——对它进行再设计，尽可能的小巧、环保，同时又不牺牲其功能性。该设计由英国普利斯特曼·古德公司的工业设计师保罗·普利斯特曼设计，原型是用回收的硬纸板或者塑料制作的，仅有 4 毫米（小于 1/4 英寸）厚，体积很小很薄，可以装在一个标准的 A5（X 英寸）信封中。

除了可以节约运输成本，电话的包装（电话夹在很薄的折叠硬纸板间，也包含了使用说明）也十分小巧轻便，设计师称电话还有社会利益：因为它可以通过邮筒邮寄出去，接受者无需在家里等待递送或者去当地邮局分拣处去领取。

这个电话是为那些手机坏掉的人准备的备份电话。设计师意识到尽管使用移动电话和数据通信的数量在增加，但是仍有一代人觉得用固定电话语音通话是更加舒适的。由于现在即使是最基础的电话也朝着精密、复杂的设备方向发展，出现故障、让使用者不知所措的风险还是相对较高的。

“邮递电话”被设计成使用起来尽可能简单，只有基本的拨打和接收功能，标记清晰的键盘上只有数字和必要的功能。使用者可以在按键上添加有图形的贴纸来储存重要的电话号码，例如家人或者医生的电话。它可以简单地插入一根标准的电话线并且马上就可以使用。“邮递电话”是一件新奇的产品并具有一定的市场销售目的，但它强调的是现在的电话，正如其他电子消费产品一样，变得完全没必要那么复杂，且往往被视为可以被取代或者丢弃的时髦配饰。

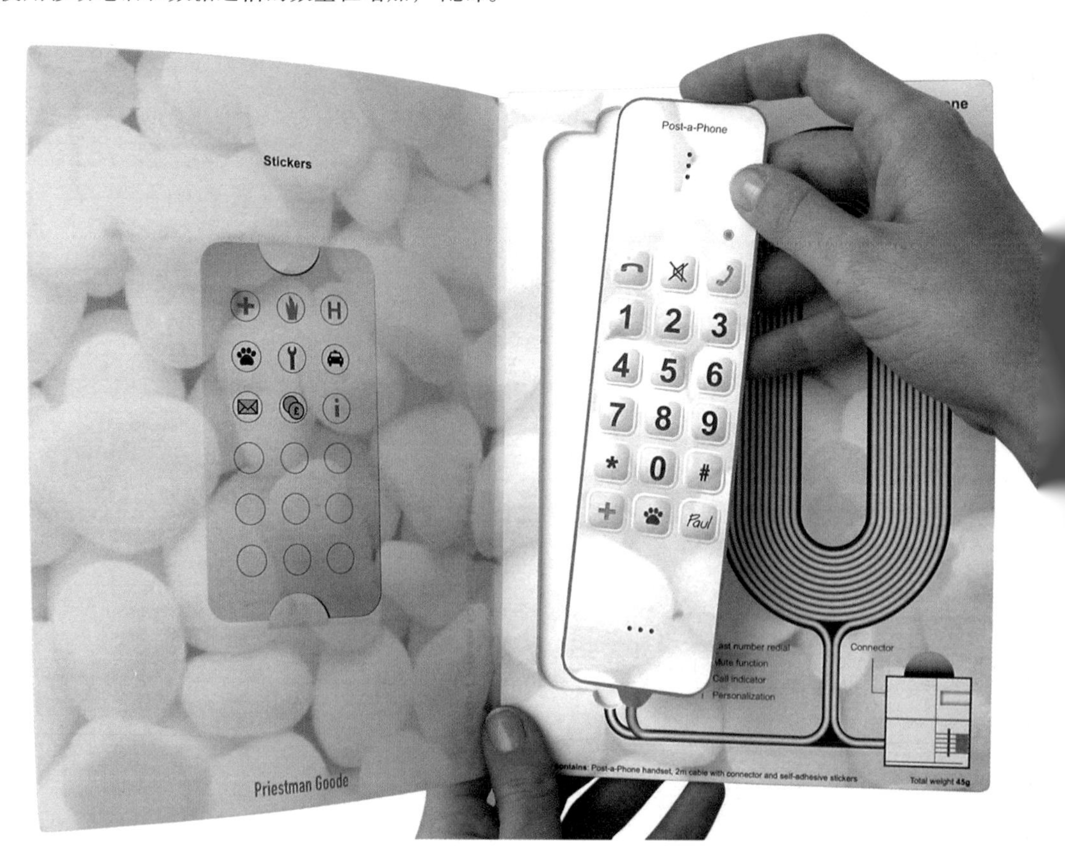

E 洗涤

时间：2007 年
设计师：列文特·绍博（Levente Szabó）

洗衣粉可以追溯到 20 世纪 60 年代，当时美国的生产商竞相生产泡沫持久的洗衣粉。制造泡沫的化学物质很快流入下水道，使得江河、湖泊甚至是尼亚加拉大瀑布的底部都淤积了洗涤剂泡沫。然而现在的洗涤剂仍然含有有害的化学物质以及污染物，特别是磷酸盐，会导致海藻在河流湖泊中大量繁殖。这些海藻会消耗水中的氧气，导致鱼类和水生植物的死亡。

有一种纯天然的清洁剂，无患子果，是一种树上生长的很小很圆的果实，这种树在世界上很多地方都有，在印度、尼泊尔等国长期作为洗涤剂使用。它们已经被卖往西方国家配合传统的洗衣机使用：把无患子果装进一个多孔的袋子里放到洗衣筒中来代替洗涤剂。但是匈牙利学生列文特·绍博设计的"E 洗涤（E-Wash）"则是为无患子果特殊设计的洗衣机，它有一个专门容器来确保坚果可以在正确的时间内加入洗涤过程。

绍博称 1 公斤（2.25 磅）无患子果平均一年可以供一个人使用，减少了大量的运输需求以及传统洗涤剂的需求量。"E 洗涤"比传统的洗衣机更加的小巧轻薄，但是可以承担相似的荷载，这让它更加的适合小型家庭使用。绍博设计 E 洗涤时还只是一个匈牙利莫霍利－纳吉设计艺术大学的学生，并且在 2007 年赢得了伊莱克斯设计实验奖的一等奖——为环境友好产品设置的设计年度大奖。

专业生态手电筒

时间：2007 年

设计师：约翰·戴维斯（John Davies）和托尼·戴维斯（Tony Davies）/ 特雷弗·贝利斯（Trevor Baylis）

英国发明家特雷弗·贝利斯是一位绿色工业设计的先驱者。在 1997 年，他的“自由播放（Freeplay）”发条动力收音机投入生产，可以说是全球第一个标志性的可持续设计。通过转动缠绕在发条装置上的手柄获得能量，只需要转动 20 秒，收音机原型就可以运行一小时，这个产品一炮而红，不仅仅是发展中国家——它的设计地点——并且在发达国家中也大热，成为花园小屋与车库中常见一景。贝利斯最初开发收音机是为了在无需电力的情况下向社区的人们传递并教育他们关于艾滋病毒的信息，艾滋病从 20 世纪 90 年代开始在非洲快速蔓延。贝利斯在南非的开普敦设立了一家工厂，雇佣残障工人组装产品，提升了这种收音机的社会可持续发展能力。

贝利斯的公司，特雷弗·贝利斯品牌，现在生产使用范围越来越广泛的上发条的产品，包括收音机、自行车灯、手机充电器以及音乐播放器。专业生态手电筒是由约翰·戴维斯（John Davies）与托尼·戴维斯（Tony Davies）设计的，他们将这个创意带给了贝利斯。

这个手电筒可以兼作手机充电器，它的技术原理与贝利斯其他的产品相似，尽管该产品中安装在手电筒上的手摇曲柄是由三节可充电的镍金属氢化物（NiMH）电池供电的。这些电池是标准的 AA 电池或者 AAA 电池，要比轻质镍镉电池环保许多，因为镍镉电池中包含有毒物质镉。镍金属氢化物电池中的镍可以在电池寿命结束时安全地回收再利用。通过摇动安装在这个装置上的一个折叠手柄为电池充电——摇动 60 秒就可以为手电筒提供大约 20 分钟的能量，或者为手机提供两分钟的通话时间。产品可以做到零排放，这就意味着消费者在使用的时候是无排放的。

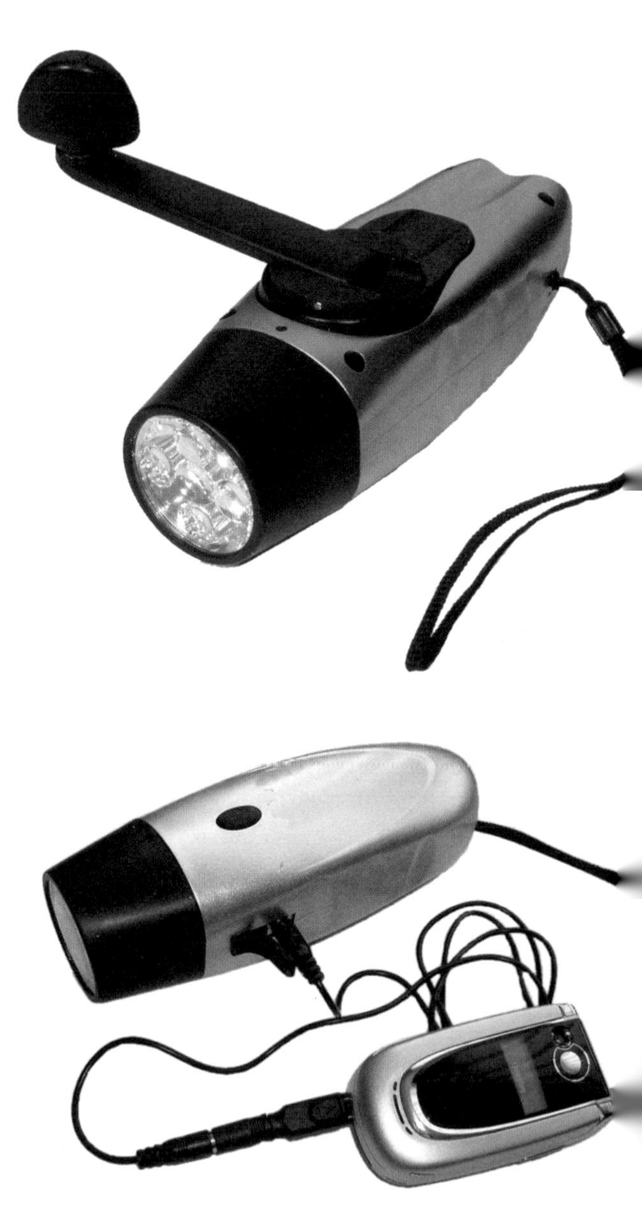

减少碳足迹纪念品

时间：2007 年

设计者：埃克托尔·塞拉诺（Héctor Serrano）

运输业约占全世界温室气体排放量的三分之一。西班牙设计师埃克托尔·塞拉诺进行了一项概念项目，探索减少各地之间运输物品需求量的方式，同时建议将物品的数字化信息通过电子邮件传给三维打印机，然后在目的地将其打印出来。

塞拉诺将这个假想项目定位在旅游纪念品上，设计了一系列共 10 个描绘世界著名景观的典型雕像。游客们不再是给朋友们邮寄礼物或者将礼物带回家，而是可以选择其中一个纪念品并且在基座上刻上祝福语。计算机辅助设计（CAD）文件会通过互联网传给一种可以将数据转化为实体的机器，例如立体光刻机。立体光刻也叫“三维打印”，是一种快速成型技术，它可以将电子文件转化成塑料或金属制作的实体。这种相对较新的技术可以制造极其复杂的物品，并且被广泛地应用于制作汽车和医疗器械的构件原型。物品可以一次完成，这就意味着从理论上讲该生产过程比传统生产线更加的节能，并更有效率，尽管其中包含了很多不同部分的复杂组装。

随着三维打印技术的发展，打印机的价格会大幅下降，专家预言总有一天家用三维打印机会与喷墨打印机一样普遍。的确，三维打印机的工作方式与喷墨打印机相似，只是用材料在三维上建立微小的面层而不是二维。

塞拉诺为2007年9月伦敦百分百设计贸易展销会的“又一次，十个”展览设计的该产品。展览邀请十个设计师来分别设计十个不同的产品，以探索可持续发展问题。其他受邀来到“又一次，十个”展览的产品包括吉塔·克施文德纳设计的火焰灯（见第 20 页），以及尼娜·托尔斯特鲁普设计的货板家具（见第 103 页）。

华生

时间：2006 年

设计者：京都 DIY 公司

“华生”被设计用来帮助主人减少他们的电量消耗，是一种小型便携设备，可以监测家中用电量，然后通过一块 LED 屏显示使用总量。这个设备可以用美元、英镑或者欧元显示使用量，也可以用瓦特显示。该设计是由英国设计公司京都 DIY 设计，公司包括三名学习工业设计和交互设计的伦敦皇家艺术学院毕业生。“华生”最初面市是 2006 年在伦敦的 Designersblock 展览上，并自此投入生产。

“华生”包括三个部分。一个传感器连接在电表和保险盒之间的一个电缆上，用于测量通过电线的能量。传感器安装在一个隐藏的电池供电的接收器上。接收器可以通过无线方式在“华生”的显示装置上进行信息回放，显示装置可以放到 100 米（328 英尺，或者在有墙壁的情况下 30 米 /98 英尺）远。这个便携式设备如此设计是为了可以放置在屋内各个角落都能被看到，不断提醒主人在为使用的电量花费多少钱。此创意是为鼓励消费者关掉那些不用的电器，有效的利用那些高耗电的产品。

除了可以显示电能使用数据，这个设备的显示装置还设有一排 LED 灯，在用电量上升或者下降的时候变换颜色。此装置可以显示长达一个月的数据，数据可以下载到电脑中通过“福尔摩斯”分析，“福尔摩斯”是一个附带软件包，可以生成图形来显示每天、每周、每月或者每年消费记录。“华生”同样可以用来测量微型发电装置的发电量，例如光伏电池板或者风力发电机。

地方河

时间：2008 年

设计师：马蒂厄·勒汉努和安东尼·范登伯希（Anthony van den Bossche）

工业化农业养殖和捕鱼方式导致的环境破坏，远距离运输食物造成的环境污染，已经让很多人寻找来源于自家附近生长的食物。再加上考虑到食物的新鲜度和洁净度，已经产生了类似于农夫市场这样的活动，来自于周围农村的种植者在城里摆摊，也产生了类似“吃土粮”的组织——是旧金山的一项活动，人们只吃距自己住的地方 160 公里（100 英里）以内生产的食物。

“地方河”的诞生是对以上现象的回应，由法国设计师马蒂厄·勒汉努（同见作品“贝莱尔”，见第 132 至 133 页）与魔鬼工作室（Duende Studio）的安东尼·范登伯希共同设计。他的概念设计结合了家庭水族馆和养鱼场，同样也可以种植蔬菜；鱼和绿植在被饲养者食用之前短暂的共生在一个容器内。这个产品的设计基于“养耕共生”原则——鱼和植物共栖养殖，植物吸收的养料来自鱼的排泄物，否则这些废物会残留在水中对鱼产生毒害，其结果是减少污染和环境恶化。“养耕共生”的方法很久之前就被远东的农民们所使用，在那里鱼的排泄物被用于给土地施肥，而鱼有时则在水稻田里喂养。这个方法最近被不断研究并且得到了广泛的应用，尤其是得到小规模种植者的喜爱。

“地方河”于 2008 年第一次在纽约展出，定位于国内市场销售，用小型水箱养殖像罗非鱼或者鲈鱼这样的淡水鱼。莴苣这样的可食用植物可以种植在水箱上方的罐子中。为了让他的设计比普通的水族箱看起来更加的赏心悦目，勒汉努制作产品时采用了吹塑和热塑成型的玻璃。

水！水！

时间：2007 年

设计师：伊内斯·桑切斯·卡拉特拉瓦（Ines Sanchez Calatrava）

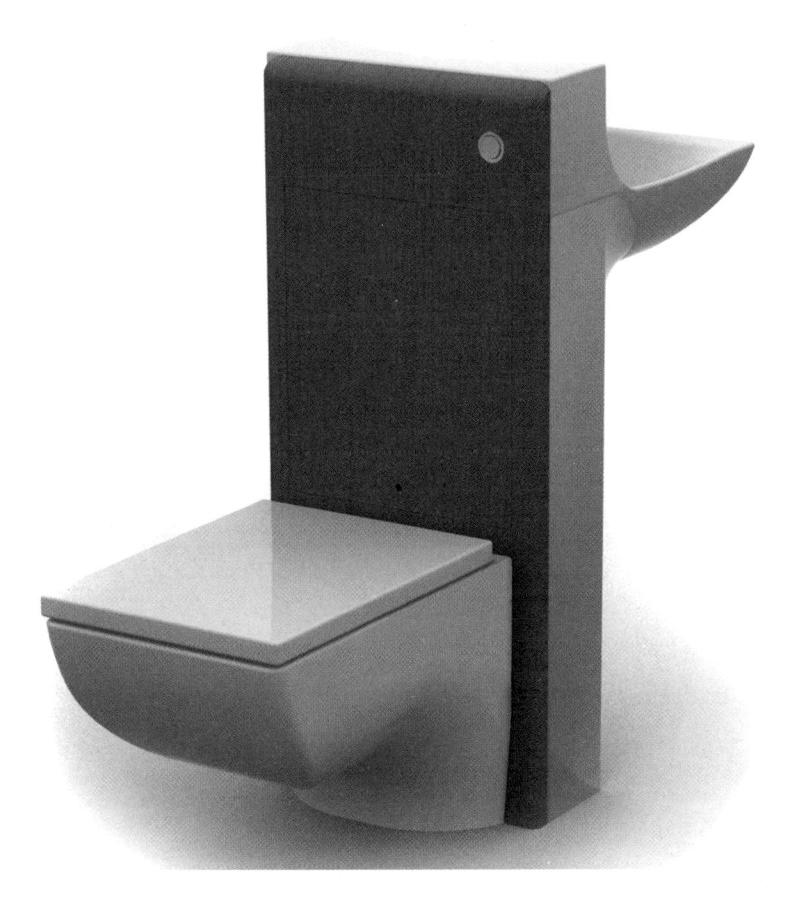

西方世界每人每天平均消耗 160 公升（42 加仑）水，其中约 50 公升（13 加仑）的水用于冲厕所。针对这一数据，西班牙设计师伊内斯·桑切斯·卡拉特拉瓦建议将面盆与马桶结合，利用面盆排出的中水注入马桶中的贮水箱。桑切斯·卡拉特拉瓦计算这样每人每天将节省 12 公升（刚刚超过 3 加仑）的水，这表示每年可以节省 5000 公升（1320 加仑）的水。

她的这个概念，在她还是英国瑞文堡设计与传媒学院的学生时就产生了，意图在两个家庭洁具中创建共生关系，尽管至今它们还被认为是分离的。桑切斯·卡拉特拉瓦相信这种方法可以扩展到其他家用设备，例如将淋浴与洗衣机或者洗碗机结合在一起。桑切斯·卡拉特拉瓦的灵感来自她发现水的浪费远比保护容易得多。当水龙头打开时，水就会被自动浪费。为了节约用水，插入污水管的塞子还需要多一个步骤，但却不需要直接将水排放到下水道。“水！水！”从某种意义上想要挑战这种态度，尽管桑切斯·卡拉特拉瓦希望把设计投入生产。她提供了一种模块化设计，这样每一部分可以在各种样式的组合中替换。她同时指出，采用她的设计可以简化住宅浴室的管道设置，因为只需要一套管道代替传统的两套。

在西方世界以及发展中国家，很多人相信，获取淡水将是未来面对的主要挑战之一。全世界只有 3% 是淡水，而淡水中的三分之二是结冻的冰川和极地冰盖。只有 0.3% 是表层淡水，其中的 7/8 存在于淡水湖中，例如北美五大湖。

生命吸管

时间：2005 年

设计师：米克尔·韦斯特高·弗兰德森（Mikkel Vestergaard Frandsen）

与“太阳能瓶”（见第 153 页）和“引水渠”（见第 159 页）相似，生命吸管是另一个可以将污染水转化成安全饮用水的产品。然而，这个产品是为那些没有像井或者储水塔等可靠水源的地区而设计的——事实上，全世界大概有 11 亿人得不到干净的饮用水。每天大约有 6000 人死于因水而得的疾病，他们中大多数为儿童。

生命吸管由米克尔·韦斯特高·弗兰德森设计，他是丹麦的紧急应对和疾病控制公司韦斯特高·弗兰德森（Vestergaard Frandsen）的领导者。生命吸管是一个轻质的管状装置，它可以让水坑或者水池的表层水变为安全饮用水。无需培训，也不用电能或者机械能，只需保养和备用配件，立等可用：使用者简单地将此装置的一头浸入水中，在另一头喝水，通过吮吸把水吸入并通过产品的过滤系统。

生命吸管的生产成本大概是每个 3 美元，尺寸只有 25.4 厘米（10 英寸）乘以 2.5 厘米（1 英寸），足够轻质、小巧，可以戴在脖子上。吸管的外壳使用高强度的聚苯乙烯制成的。过滤系统采用了专门开发的卤化树脂，可以杀死与其接触的细菌和病毒，同时活性炭可以去除水中的碘，改善水的味道。制作者称装置可以消灭 99.99% 的寄生虫和细菌，以及 98.7% 水源性病毒。每一个生命吸管可以净化大约 700 公升（185 加仑）的水——这些水足够一个人一年的使用量——在吸管必须被更换前。

自从 2005 年问世，这个产品已经赢得多项大奖，包括时代周刊 2005 年度最佳设计、君子杂志（Esquire magazine）2005 年度最佳设计，以及盛世公司 2008 年度改变世界的创意大奖。

Q 鼓

时间：1994 年

设计师：P·J·亨德里克瑟和 J·P·S·亨德里克瑟（PJ and JPS Hendrikse）

这本书中的很多人道主义产品都是由第一世界的设计师为发展中国家设计的，但是 Q 鼓却是在非洲出品的为非洲人设计的产品。

根据世界卫生组织报告，在非洲的乡村只有 47% 的人可以使用干净的管道供水，只有 43% 的人有下水道设施，这使得人们很容易感染由水传播的疾病，例如霍乱和痢疾。很多村民不得不走数里路去寻找可靠的水源，Q 鼓的设计就是用来更快更方便的收集水。Q 鼓是一个中间是空心的圆柱形盛水容器，它可以像轮胎一样滚动。在空心处穿过绳子，容器就可以拖着前进。与必须手提的容器相比，这个容器让运输水变得更加容易。

该产品是在 1993 年由南非建筑师汉斯·亨德里克瑟（Hans Hendrikse）和他的土木工程师兄弟皮特（Piet）共同设计。在 1994 年推出的第一款，容器可以盛 50 公升水（13 加仑）。随后出现了一款体积更大的产品，这个可以盛 75 公升（20 加仑）的水。鼓的尺寸为 35.5×49.5 厘米（14×19.5 英寸），是由四毫米厚的线性低密度聚乙烯（LLDPE）旋转成型制成，坚不可摧。在装满水的情况下，它可以安然无恙的从 3 米（10 英尺）的高处坠下，也可以承受 3.7 公吨（4 英吨）的重量，相当于容器装满水后堆叠成 25 米（82 英尺）高时最底部的一个所承受的重量。经过在大量的实地测试，Q 鼓样品可以行走 12000 公里（7456 英里），旋转 7 万转，为一个拥有 13 口人的家庭供水。在为期 20 个月的测试中，鼓只有半毫米的磨损，这意味着这个产品可以经受住 10 年的高强度使用。鼓上除了塑料螺口旋盖外没有可以拆卸的部分。该产品最高可以 40 个单体堆叠在一起。Q 鼓已经在非洲大约 12 个国家里日常使用。

XO 电脑

时间：2006 年
设计师：伊夫·贝阿尔

据“让每一个孩子拥有一台笔记本电脑”（One Laptop Per Child，简称 OLPC）项目称，发展中国家超过 20 亿的儿童正在接受不充足的教育，他们之中只有三分之一相当于读到了小学五年级。超过 5 亿的孩子甚至连电都没有接触过。

OLPC 在 2005 年由一位名为尼古拉斯·内格罗蓬特（Nicholas Negroponte）的计算机专家成立，他希望研究出一种先进的，但又易用的、便宜的电脑，以此来传递更多的学习机会给发展中国家的孩子。在 2007 年，这样的产品终于问世，它被命名为 XO 电脑，更广为人知的名字是“百元电脑”——一百美元是它的目标价位。作为开创性的麻省理工学院媒体实验室的发起人及前任领头人，内格罗蓬特于 2005 年 11 月发布该项目的第一个笔记本原型，它有一个独特的黄色手摇曲柄，可以由手来供电。最终的产品，由来自旧金山的设计公司 Fuseproject 的伊夫·贝阿尔完成，次年便发布。其标志性的手动曲柄被两只“兔子耳朵”一样的天线替代。当翻开天线，可以通过网状网络，能立即把笔记本和因特网连接，也能和在范围内的所有其他笔记本连接。

该款电脑还有很多其他的创新点，所有这些都是为了使其更便宜好用。它的中央处理器被设定为在操作空隙时自动睡眠以减少 2 瓦的用电——是普通笔记本的十分之一。它的双模式屏幕可以在标准 LCD 彩色屏与黑白“电子书”屏之间切换，让学生在明亮的阳光下也可以学习。电脑依旧可以通过手柄做功充电，如今也组合了外部转换器，可以通过踏板、拉绳、太阳能板甚至汽车电池来充电。

也许 XO 电脑最革命性的特征是它的所有软件都是开放的资源，这就意味着使用者不需要购买昂贵的授权软件。笔记本电脑的出品受到一致的好评，在其生产的第一年赢得了许多设计奖。第二代电脑，是由两个触摸屏取代了键盘和传统的屏幕的笔记本电脑，名为 XOXO，已在 2008 年投入生产。

生态桑迪

时间：2008 年
设计师：泰杰·肖汉（Tej Chauhan）/ 肖汉工作室

桑迪，一种瞄准了国内市场的价格合宜的无绳电话，它由香港 Suncorp 通讯公司于 2005 年发布，其特色是一个放置在块状基座上的带有简化键盘的大尺寸听筒。

三年后，该公司发布了升级版的“生态桑迪”，它看起来和前款大同小异，但被设计的尽可能的环境友好。生态桑迪与第一代桑迪相同，均由伦敦设计师泰杰·肖汉设计，且其听筒是由 100% 可循环 ABS 塑料制成的。这款电话拥有被称作 ECO 模式的软件，它的制造商声称该软件可以减少电话与基站之间传播的电磁辐射。在电话和基站之间传递信号的能量已减少了 50%，Suncorp 公司承诺在未来将基站的能量需求降低至零。

该产品在包装上和产品附带的文字说明上也试图减少纸张和卡纸的使用。运输的包装盒是用可循环的卡纸制成的，电话附带的快速入门指南也被打印在可循环用纸上。盒子里没有用户使用手册；相反，使用者可通过网络获取全部的使用说明。

将祭品打印出来

时间：2008 年

设计师：尼古拉斯·程（Nicolas Cheng）和迈克尔·梁（Michael Leung）/ 梁工作室

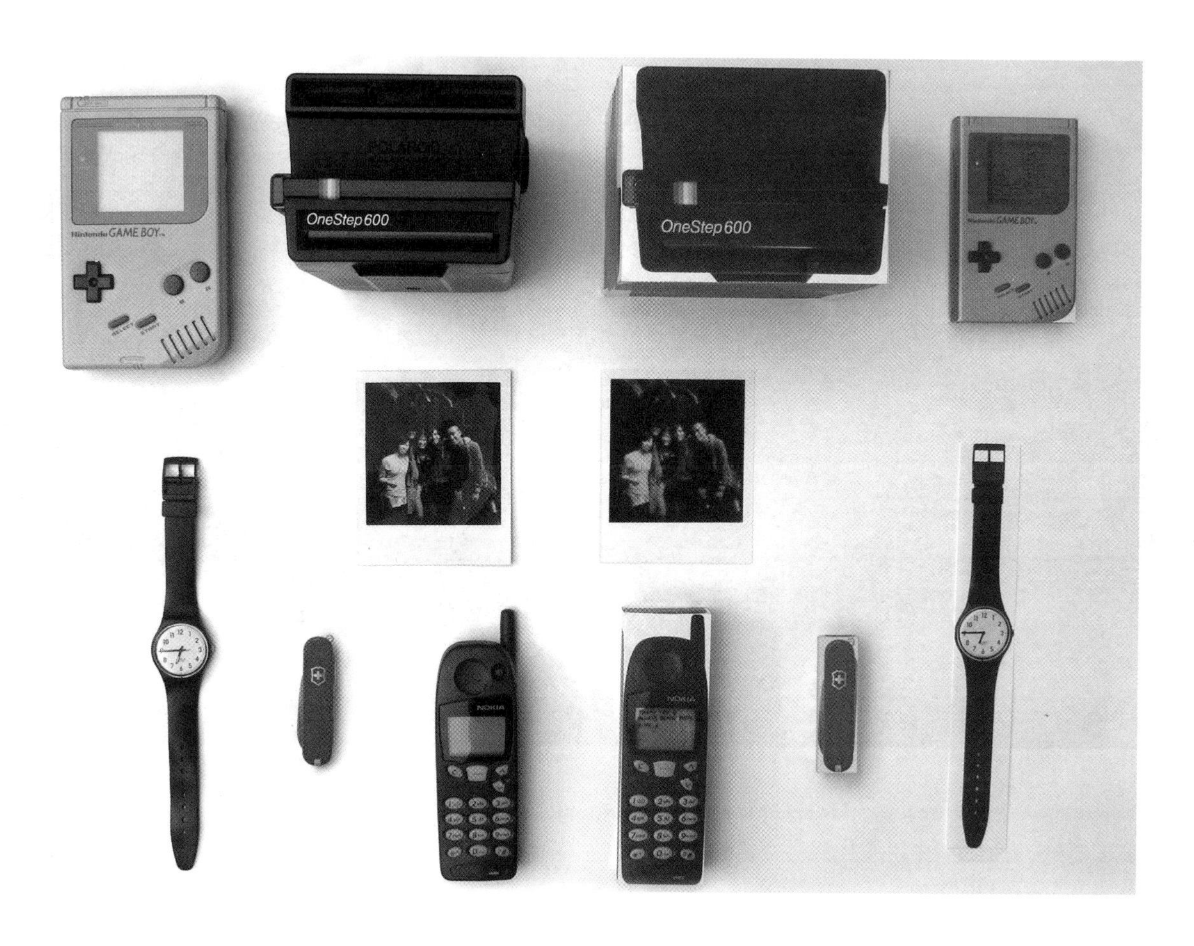

在中国，有个传统是把电视、电脑等日常用品的复制品，作为祭品烧掉祭奠死者。这些东西可以在全中国的特殊用品商店和超市中买到，在诸如清明节或者中元节的时候作为礼物烧给已逝的亲人。传统意义上来讲，这些祭品是用纸做的，但近些年来那些燃烧时会产生有毒烟雾的金属纸与塑料也被运用在其中了。梁工作室（Studio Leung）的设计师尼古拉斯·程和迈克尔·梁设计了一种无毒的替代品，充分利用网络的潜力来消除制作、运输和储存产品的需求。

设计师制作了一系列可以在网上下载，在标准纸张上打印的流行物品的全尺寸模型，用户可以将其剪下来折叠并用胶水粘成一个立体模型，上面附赠了“打印在可循环用纸上，用无溶剂胶水粘贴并负责地烧掉”的说明。

第一系列“可打印的祭品”是为 2008 年 4 月的清明节而设计——正直中国人扫墓与踏青时节。物品包括苹果手机、笔记本电脑、钢笔、护照和钱包，当然也包括一些低端的生活用品比如面巾纸与香烟。“可打印的祭品”预示着在不久的将来颇具潜力的互联网将替代传统的按照本地需求来大批量生产的时代。三维打印技术的兴起，例如立体光刻以及其他潜在的快速成型加工方式（见 137 页），使得人们可以下载电子文件后，在家中或当地 3D 打印店里打印出固体物品。用这种方式，此技术使得生产过程能根据个人的的需求进行定制，因此减少了浪费。

灯塔

时间：2005 年
设计师：马克斯·巴菲尔德建筑事务所（Marks Barfield Architects）

风力是最古老的发电方式之一，已经在转动的风车和驾驶帆船漂洋过海的过程中用了上百年。当今，许多设计师都在探索最大限度利用这种丰富的免费资源的可能性。许多人提议在乡村地区的风力发电场上安装成群的、高耸的涡轮机，或者在城市地区的建筑上安放小的独立的涡轮机。然而，前者往往是有争议的，因为一些人觉得他们毁坏了未受破坏的乡村并伤害了野生生物，而由于市区较低高度的建筑物所产生的较低的风速和涡流，致使后者表现也不尽如人意。

伦敦建筑事务所马克斯·巴菲尔德，其最著名的作品是为了千禧年的庆祝活动而设计的伦敦眼摩天轮，该公司已经提出了一个介于两个方法之间的探索性的设计。该设计名为灯塔，是一个 40 米（131 英尺）高，Y 字形的结构，上面支撑着五个竖直的"三股螺旋"风力发电组，由伦敦一家名为"寂静革命"（Quiet Revolution）的公司提供。垂直涡轮机比风车式涡轮机声音小，震动也少。它们也没必要对准风的方向，这使它们在混乱的风向中更有效率。灯塔上的每个涡轮机高 5 米（16 英尺），直径 3 米（10 英尺）。

灯塔计划安置在城市地区，在那儿它可以被放置在马路两侧、公共空间，或者环岛。灯塔的高度使得涡轮机可以远离低空涡流产生的副作用，而且经设计师计算，每个结构体每年可以生产 50000 千瓦时的电量。另外，他们宣称把这些涡轮机放置在更需要能量的地方，其发电效率更高，因为远距离传输到城市的过程中，在乡村风力发电场发出电能的 30%~50% 会被损失掉。

公共空间的遮篷

时间：2006 年

设计师：**奥米德·卡姆瓦瑞（Omid Kamvari）、阿西夫·汗（Asif Khan）和帕夫洛斯·赛德瑞斯（Pavlos Sideris）**

该产品诞生在2006年，一个来自英国伦敦AA（联合建筑）学院的学生团体被邀请参加一个在巴西累西腓的工作营，讨论如何建造广场、林荫大道和公园等适应于热带城市的公共场所。奥米德·卡姆瓦瑞、阿西夫·汗和帕夫洛斯·赛德瑞斯几名学生，很快意识到，欧洲的公共空间的概念不适用于本地，很大程度是因为石材或混凝土铺装的公共空间在白天暴露在猛烈的阳光下，以至于几乎无法使用。他们也注意到，贫民窟——陋巷和棚户区是巴西每个城市的特征——并没有人们社交和聚集的空间。

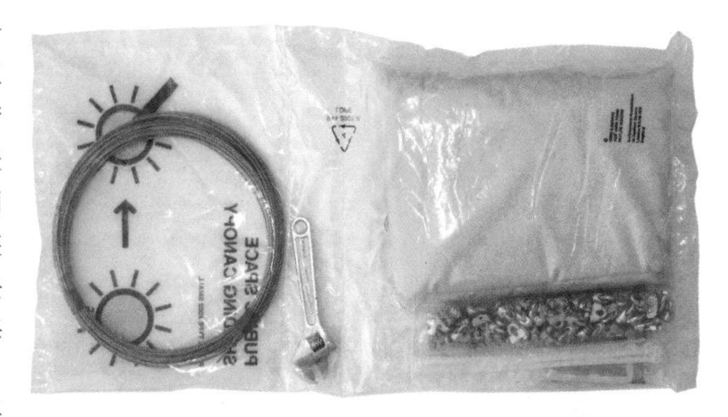

因此，他们设计了一个产品，可以快速、低价地将任何一部分街道改造成一个舒适、阴凉的空间。只使用现成的组件和工具——莱卡布料、黄铜金属环、钢缆、扎线带、手柄和扳手——他们开发出一种简单的遮篷，可以利用现有的结构，如建筑立面、水箱和电线杆作为支撑而悬挂在街道上。总体组件的造价不到100美元。

学生接下来与皮拉尔贫民窟的居民合作，皮拉尔是一个位于累西腓历史悠久的港口和工业区之间的棚户区，在作为贫民窟入口之一的繁忙、狭窄的道路上安装了一个遮篷。他们并没有计划或者调研，团队便开始安装的遮篷，与业主谈判能否固定电缆，并迅速吸引了当地群众的帮助。他们带来了梯子，工具，甚至是音乐系统，以帮助工作进行。在安装了遮篷的四个小时中，街道上的人越来越多，孩子们在此停下来和朋友聊天，工人们在这吃午餐。等学生们离开后，当地群众继续照料遮篷，维护并改造它。从棚户区远处就能够看到亮黄色的遮篷织物，像是一盏明灯和荣耀的源泉。

后来这个团队把遮篷发展为一种可以买到且适用于世界各地的产品。

4 秒避孕套

时间：2007 年

设计师：鲁尔夫·马尔德（Roelf Mulder）/…XYZ 设计公司

避孕套在降低艾滋病毒 / 艾滋病（HIV/AIDS）以及其他性传播疾病感染率上起了重要的作用，但是人们经常因为各种社会因素或者文化因素不愿意使用避孕套。此外错误使用和使用已损坏的避孕套会导致性疾病的传染，另一个原因则是延迟使用。

4 秒避孕套的出现是为解决手工使用避孕套时会出现的羞愧感和尴尬的问题，希望这产品能引导人们最大化的使用避孕套，并因此降低 HIV/AIDS 的传播。由开普敦工业设计工作室…XYZ 设计公司（…XYZ Design）的设计师鲁尔夫·马尔德设计的“4 秒”避孕套，每一个都拥有一个一体的佩戴器，显著加速了佩戴所需要的时间，并降低了佩戴时因指甲造成的破损或裂痕的可能性。佩戴器是一个两件套的塑料圆环，里面装有卷曲的安全套。使用时，用两只手的大拇指和食指紧握佩戴器两侧的支托，然后只用一个动作即可把避孕套套在直立的阴茎上。避孕套全部打开后，佩戴器的两个部分会脱落，丢弃即可。

马尔德多年来改善了很多次这款避孕套的设计，于 2001 年设计第一代产品，不久以 Pronto 的品牌名称销售于市场；第一代产品的佩戴器也成了纽约现代艺术博物馆（MoMA）的永久收藏品之一。2007 年这款避孕套重新以“4 秒”的名字推出——这个双关语暗指设计的目的和速度——并采用了更为挑逗风格的包装。

南非是世界上 HIV/AIDS 感染率最高的国家，联合国艾滋病规划署（UNAIDS）预估约有 550 万人与艾滋病毒毗邻而居，2005 年统计有 32 万人死于与艾滋病相关的疾病。将近 20% 的 15~49 岁之间的人群感染艾滋病毒。

《创意评论》绿色企划

时间：2007 年

设计师：彼得·格伦迪（Peter Grundy）/《创意评论》

《创意评论》（Creative Review）——是一本英国月刊杂志，内容涵盖视觉设计和广告设计，它于 2007 年 4 月杂志发行了一期专刊，分析其本身对环境的影响，名为“是我们该为可持续发展和环境做些什么的时候了”。这个专刊没有封面——可总共节省 8700 张封皮纸。第一页是目录以及由信息设计师彼得·格伦迪设计的一个大大的脚的图形，代表了杂志每月的碳足迹，计算出《创意评论》每期释放 1.17 吨（1.3 英吨）温室气体。

这篇 84 页的专刊包含有一个很有特色的专题，审查了杂志的一个典型版面需要的资源，以一个问题做开始：“做一期可持续发展的策划很好，但是出版杂志不就是你能做得最不环保的事情之一吗？”审核发现每印大概 9000 本杂志大约消耗 200000 平方米（239000 平方码）纸张，200 升（53 加仑）墨水，5.8 升（1.5 加仑）化学试剂，22 公斤（49 磅）胶——为了用于制作杂志印刷时的模板——还要耗费 110 公斤（242 磅）铝。印刷板在每期印刷完成时会融化再回收，节省的电量足够一户普通家庭 131 天的正常供电。

专题中也指出，2006 年全英国有 744000 吨（820120 英吨）杂志被印刷出来，超过一半——57%——去了垃圾填埋场。20% 被归档保存，还有 23%——包括杂志总量中高达 45% 的从来没有卖出过的杂志——被回收。根据杂志的数据，英国纸工业比起其他工业部门拥有最好的回收利用记录，每年有 68% 的原始材料来源于废弃纸张中。然而，其中引用的研究却发现英国曾经是世界上第五大人均消耗纸张和纸板的国家，人均每年消耗 208 公斤（458 磅）。美国以每年人均 312 公斤（688 磅）每年居首位。

为试图从这份审核中吸取教训并减少浪费，《创意评论》的绿色专刊用可生物降解的塑料包装，而且其中一些内页印刷在 100% 的再生材料上。

贝壳骨灰盒

时间：2008 年

设计师：LOTS Design 团队

瑞典工业设计团队 LOTS Design 设计的贝壳骨灰盒是最近几个重新审视人们被埋葬或被火化的设计之一。埋葬大概是再循环的最终形式，代表着人的肉体在世上度过人生旅途后回归尘土。设计师们认为，这个过程没有理由不像其他的人类活动一样不受到工业设计的分析。

贝壳骨灰盒是一个压制纸做的容器，用来装盛骨灰。丧礼后这些骨灰会放置到这个容器里，人们的留言或者私人物件则一同放在固定在骨灰盒顶部的口袋里。亲友也可以将缅怀故人的留言写在贝壳骨灰盒的表面，随后将骨灰盒沉入海底，这些压制纸将会逐渐消散直到什么都不留下。

贝壳骨灰盒在概念上与“鸟类喂食者”（Bird Feeder）很像，这是 2006 年英国设计师纳迪娜·贾维斯（Nadine Jarvis）的一项产品设计。产品将人的骨灰混合了鸟类食物以及蜂蜡，挂在树上，鸟类会慢慢消耗食物和遗体，直到所有的东西只剩下一个描述着死者的详细信息的木制栖木。贾维斯也同样设计了一套铅笔，其笔芯是用石墨和火化的骨灰混合制成。通常情况一具遗骸的骨灰足够生产 240 支铅笔——算是逝者耗尽一生为后世留下的铅笔。这套铅笔被称作“生命的复写”。

另外一家工业设计公司探索出使丧礼更加可持续化的生态棺木，一家英国公司用 90% 再生纸和再生卡纸来设计制作棺木。逝者的朋友和亲属可以下葬前为这种可生物降解的棺木进行装饰。

太阳能瓶

时间：2007 年

设计师：阿尔贝托·梅达和弗朗西斯科·戈麦斯·帕斯

据估计世界上大约六分之一的人口无法获得安全饮用水，使得这些人容易罹患通过水传播的疾病包括霍乱、伤寒、甲肝和痢疾。仅仅腹泻每年就能杀死大概二百五十万人。

太阳能瓶是一个运用太阳能量消毒所盛装的水并使之可以安全饮用的容器，由意大利设计师阿尔贝托·梅达和弗朗西斯科·戈麦斯·帕斯设计而成。该产品采用 SODIS 系统即太阳能消毒系统，利用太阳能中的热和辐射来消灭水中会使人患病的病原微生物。太阳能瓶的设计使 SODIS 系统发挥其最大的作用，这种瓶子不需要化学药品和特殊的设备，而是完全依赖阳光中消毒剂的特质。

4 升（1 加仑）的透明瓶体由 PET（聚对苯二甲酸乙二醇酯）制成，这种与塑料同型的材质通常用于品牌饮用水的包装瓶。扁平状设计是为了最大化接收照射在其上的太阳光，瓶子的一面为透明状，方向面向阳光。另外一边是黑色，安装反射铝，有助于提高瓶子里水的温度。提手折回可作为标杆，使得瓶子朝向正确的方向。想要太阳能瓶发挥作用，瓶子应该放在阳光直射下六小时，或者多云天气两天左右。这个时间足够让阳光中的 UVA 辐射，结合上升的水温，提高辐射中消毒剂的质量，使水质安全。如果水温达到摄氏 50 度（华氏 122 度），这个消毒的过程只需要一小时。

太阳能瓶获得 2007 年丹麦 Index 设计奖家用分类第一名——这是一项双年奖项，奖励那些实质上提高人类生活重要方面的设计。

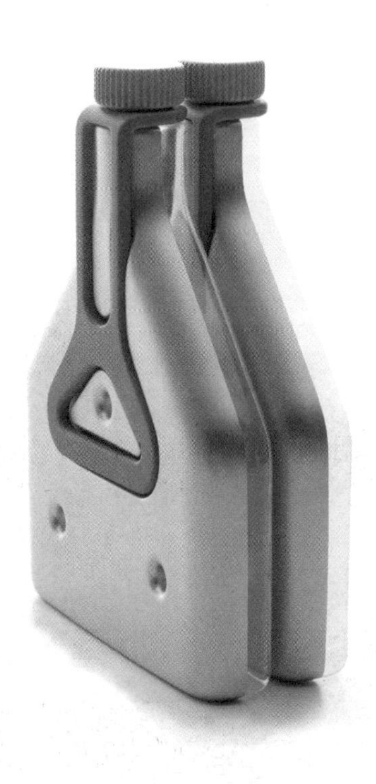

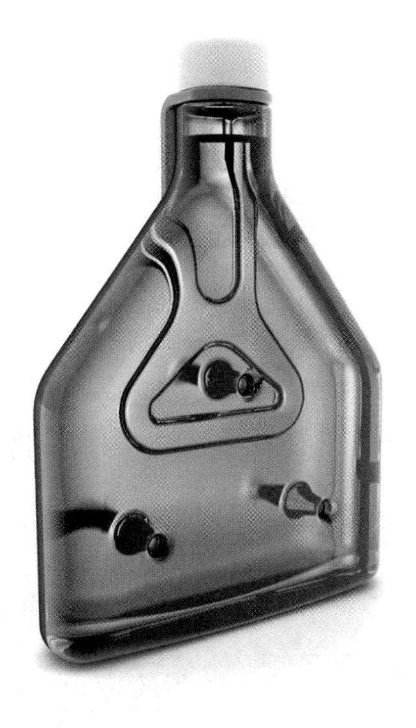

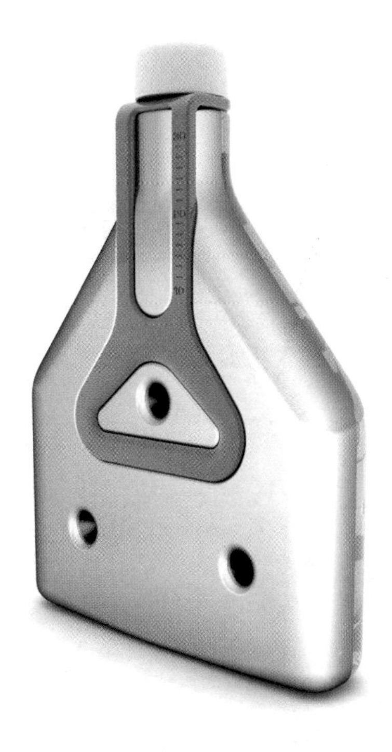

第 6 章　交通工具

自从 20 世纪初期机械化的交通工具取代了马车，人类就对化学燃料产生了绝对的依赖，依靠它可以更方便、更快速度地走遍世界。然而随着石油价格剧烈波动，人们担忧未来化学燃料的供应以及逐渐增长的排放碳的汽车、飞机、远洋轮船等对环境的负面影响，交通运输业意识到接下来几年这个行业会有翻天覆地的变化。

汽车行业尤其是站在剧变的边缘。大型制造商意识到汽油时代不能永远持续下去，多年来一直研究汽油汽车的替代产品，比如氢气车，生物燃料车以及电动车。混合动力汽车采用内燃机和电动马达，提高燃料效率的同时又减少排放，该车已经成为现实。1997 年生产的丰田普锐斯，是第一台混合动力的商业汽车。普锐斯的成功带动了其他品牌推进自己的计划。最近，本田成为生产以氢气为动力的汽车的第一大制造商，氢动力汽车（FCX Clarity）运行依靠氢燃料电池技术，不排放任何有害物。

宝马组建了一支以液态氢内燃机为动力的示范车队。其他制造商也在尝试电动汽车。同时，Seymourpowell 公司设计的以氢氧电池为动力的电动摩托车，则把燃料电池技术引进了两轮车领域。

许多设计师梦想利用太阳的能量来驱动汽车——罗

斯·洛夫格罗夫提出了以太阳能为动力的泡泡车，称作“棍子上的汽车”，一辆施华洛世奇航空概念车以太阳能电池板为动力，而参加在澳大利亚举行的松下世界太阳能挑战赛的团队已经证明，车载光伏技术可以驱动专门设计的汽车长距离行驶。商业太阳能汽车仍然有很长的路要走，但是水上交通工具，比如伦敦的回旋型太阳能摆渡船表明即使在一个没有足够阳光气候的地方，太阳能也是可行的。

在航空旅行中，还没有真正意义上的喷气发动机的绿色替代品，因此制造商们尝试让他们的客机尽可能的更轻更高效，例如波音梦想客机的案例，同时人们对飞艇技术兴趣高涨，这种技术承诺长距离的环境友好的旅行，例如琼－玛丽·马萨尔（Jean-Marie Massard）设计的“人造云”（Manned Cloud）。

运输业中另外一种零排放模式自行车又时兴起来，这要特别感谢像 Vé lib' 项目和 Bicing 项目这样的自行车分享计划以及像速立达这样的通勤友好型折叠自行车。这些项目的迅速成功表明，说服人们把他们的汽车留在家里，步行或骑自行车出行可能是城市提高其公民健康水平的最佳方式。

自助型自行车租车服务与公共自行车项目

时间：2007 年

城市：巴黎和巴塞罗那

20 世纪 60 年代前后开始出现在城市提供免费的、共享的自行车这个想法，在阿姆斯特丹，像白色自行车这样的计划在当时赋有共同理想主义的特点。在其巅峰时期，数以百计涂有白色油漆的自行车在城市里可免费使用，市民骑自行车去旅行，然后把它们留在目的地等待下一个使用者。然而，许多像这样的计划沦为犯罪和破坏的牺牲品，于是随之被放弃了。但是当城市在车辆拥堵中挣扎之时，这样的想法重新流行起来。

自助型自行车租车服务（Vélib'）与公共自行车（Bicing）项目是两个知名度很高并且十分成功的计划，于 2007 年分别在巴黎和巴塞罗那推出。Vélib' 是法语 vélo libre 的缩写——意思是免费自行车——而 Bicing 是根据西班牙文中的自行车“bicicleta”，以及巴塞罗那流行的缩写“BCN”混合而成的一个词。

虽然两地相隔，但是这两个计划有很多共同之处。为了防止盗窃，使用者必须先在网上注册，并用信用卡预付自行车租赁费用。然后，可以前往任意一个在城市中星罗密布的自动租赁站，刷已经提前支付过的 RFID（射频识别）卡解锁自行车，骑走即可。租赁站设有一排排固定自行车的金属杆，自行车里也设置了锁车系统。自行车必须在设定的时间内归还至城市中任一租赁站，否则会进行罚款。

2007 年 7 月推出时，自助型自行车租车服务项目隶属于巴黎市政当局管理，由户外广告公司 JCDecaux 赞助，资金来源于这些自行车站的广告产生的收入的一部分。最终，该计划拥有了 1450 个自行租赁站和两万辆自行车。公共自行车项目在同年 5 月推出，比自助型自行车租车服务早几个月。该项目从市中心内汽车司机缴纳的停车费中获得补助，到 2008 年计划提供 3000 辆自行车，400 个自行车租赁站覆盖 70% 的城区面积。

速立达 3

时间：2006 年

设计师：马克·桑德斯（Mark Sanders）/ MAS 设计

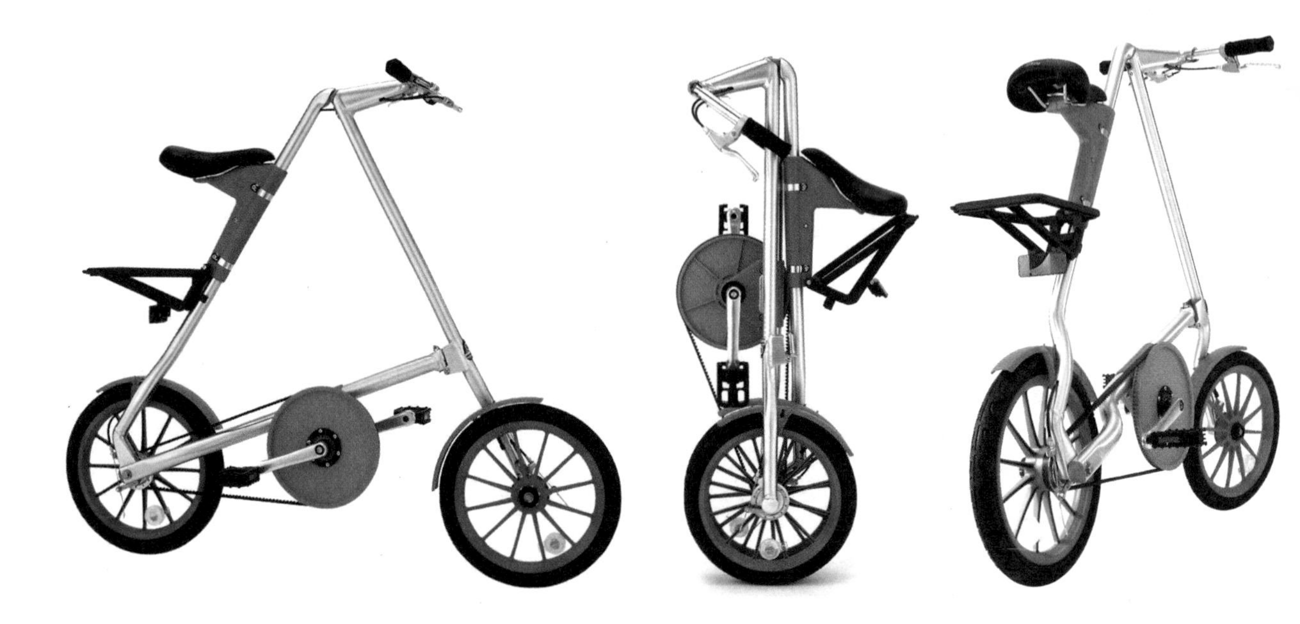

英国设计师马克·桑德斯在设计速立达（Strida）自行车时的灵感来源于玛格罗兰婴儿推车，速立达从根本上重新定义了城市折叠自行车。当城市用不鼓励汽车出行来寻求减少拥堵时，折叠自行车是一个有潜力有商机的产品，它可以让人们从自行车运动中获得健康，同时也可以随意上下公共交通工具进行长途旅行或者避免恶劣天气。折叠自行车也可以带进室内而不是锁在街上，降低了失窃的风险。

桑德斯失望于现有的折叠自行车的复杂，以及折叠后的笨重，他从头开始，专注于设计尽可能简单的折叠原理，并确保他的产品可以很容易地被带上公共汽车和火车。为了达到这一点，桑德斯简化了普通自行车的形式，变成三个铝管制成的三角形，折叠好以后，即成为一个方便携带的带轮手杖。制造商宣称这种自行车可以在六秒内被折叠起来。速立达初始的设计已经提高并更新了很多次，速立达 5（Strida 5）是最新的版本。

速立达只有一个传动装置，动力通过一个不油腻的凯夫拉尔皮带从脚踏板向后轮传动，无需用油并且可以持续骑行 8500 公里（50000 英里）。40 厘米（16 英寸）的自行车轮子由注塑成型的塑料制成，并做了防锈处理，而且轮胎可以在不卸下车轮的情况下更换。

桑德斯还设计一种更极端更轻便的折叠自行车，称为 X 自行车。它的框架组成只有两根带有铰链的碳纤维管，就像一把剪刀。桑德斯为辛克莱尔研究项目（Sinclair Research）设计的这款 X 自行车，自行车框架中包含一个传动皮带，操控系统建立在皮带轮，车链以及非常小的轮子上。截止至目前，X-Bike 还有待投入生产。

引水渠

时间：2008 年

设计师：艾迪欧工作室

由美国自行车品牌闪电（Specialized）和谷歌主办的一个以设计脚踏动力的机器的竞赛，名为“创新，或者死”，“引水渠”是为这个竞赛所创作的概念作品，它既是交通工具又是水的净化设备。

由于许多发展中国家的人不得不走很远的路去打水，而且这些水往往不能安全饮用，工业设计工作室艾迪欧提出把机械驱动的水净化系统放置在自行车上的想法，这样当水被带回到骑车人的村子时，不干净的水可以变得安全。

这件三轮车以三轮车底盘为基础，在后轴承上设有一个大水箱，水从这里倒进来。水箱、过滤系统以及三轮车的机械系统都受到玻璃纤维外壳的保护。有一个泵连着踏板曲柄，当骑车人蹬脚踏时曲柄会把水箱里的水舀出来，很快流过碳过滤器，流到下一个较小的安置在前把手的水箱。这个小水箱是透明的，所以骑车人可以看到已经收集了多少纯净水，而且这个水箱是可拆卸的，意味着它可以被带回家里。自行车上安有一个离合器，当车静止不动的时候可以过滤更多的水。

2007 年底“引水渠”自行车的原型被设计出来，经过三周制作期完成，并在竞赛中取得第一名。

ENV 摩托车

时间：2005 年

设计师：Seymourpowell 设计公司

由不会引起污染的燃料电池作为驱动，ENV 摩托车在处理运输工具造成气候变化的问题上迈进了重要的一步。ENV（排放中性车）电动摩托车，在 2005 年 3 月正式推出样车，这是第一辆用燃料电池驱动、可投放商业市场的两轮车。

燃料电池在把氢转化成电的过程并不制造污染，并且一直以来被认为是传递清洁能源最有希望的方法之一。该装置几乎是无声的，而且在把氢原子和氧原子转换成电能的化学过程中，水蒸气是其唯一的副产品。最初的氢原子的精炼并不是对环境无害，但是考虑到精炼加工的过程中，能源电池估计仅产生相当于汽油发电机一半的污染。

由伦敦工业设计公司 Seymourpowell 为英国的燃料电池生产商智能能源公司所设计，ENV 摩托车可以以 80 公里 / 小时（50 英里 / 小时）的最高速度行驶 160 公里（99 英里）。6 千瓦的电动引擎由安装在车把和车座之间、可移动的能源电池驱动，而且这个电池还可以卸下为其他设备提供动力。制造商声称每一个能源电池，可以被称作一个"核心"，能够为一个摩托艇或者是一个小型家庭提供动力。该摩托车的设计目的是为了展示能源电池技术现在已经提升到足够为车辆提供能源的水平。花费五分钟就可以充满一千瓦燃料电池所需的氢，供给发动机使用四小时。当摩托车空转或者滑行时，蓄电电池可以储存能量，当需要加速或者高速行驶时，又可以为车辆增加动力。

能源电池并不是很新鲜的东西：它们 19 世纪就被威尔士律师威廉·奥韦（William ove）爵士发明出来，并且 NASA 在 20 世纪五六十年代进一步使其发展成熟。但是近期因为对气候变化问题的担心，以及对全球天然气和石油能源的供应可靠性问题的恐慌，引起了人们对这项技术兴趣的激增。

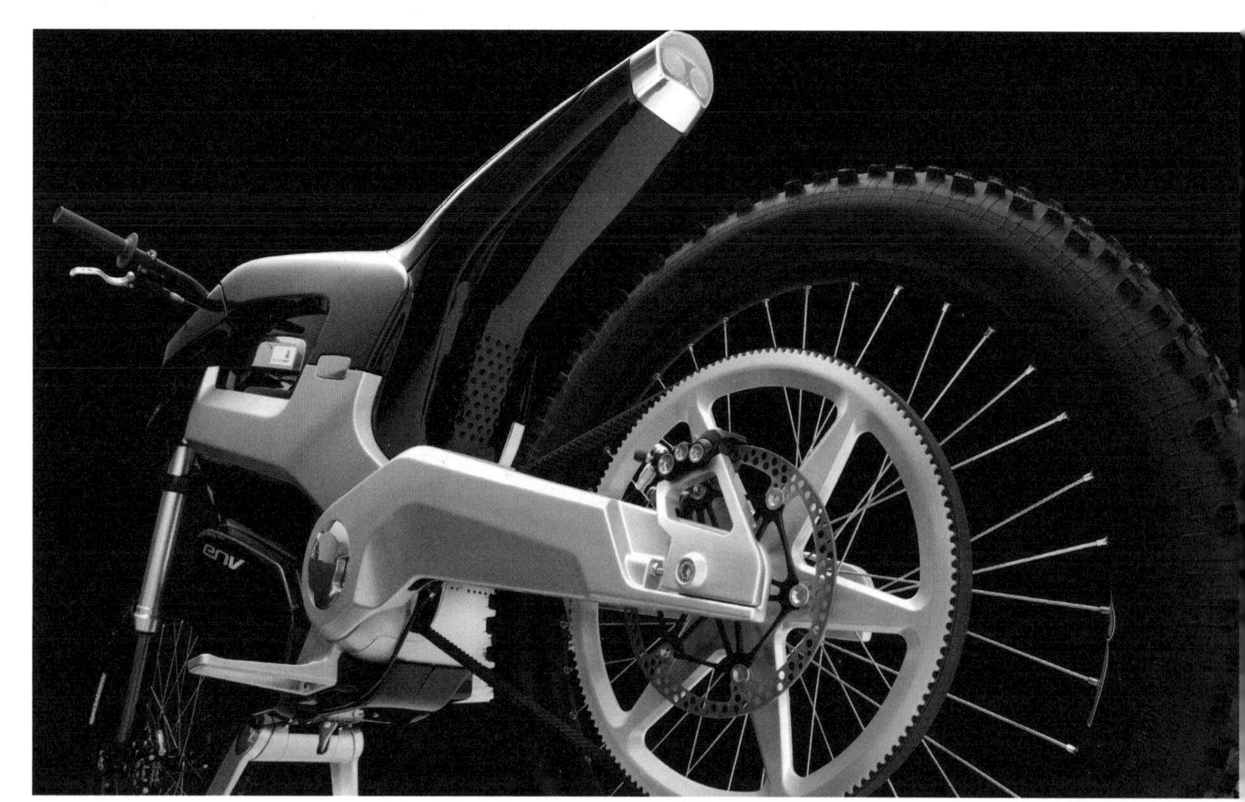

env

回旋型太阳能摆渡船

时间：2007 年

设计师：克里斯托夫·贝林（Christoph Behling）/
太阳能实验室

这是一艘摆渡乘客穿过伦敦海德公园湖面的船，回旋型太阳能摆渡船是由太阳能研究和设计实验室（SolarLab Research and Design）的克里斯托夫·贝林设计的最新型太阳能船——该实验室是使用太阳能光电板驱动交通工具的先锋。

船由 27 个太阳能光电模块构成曲面屋顶，可以为充电电池产生两千瓦的电能，它们轮流为两个电动机供能。这些能量足够推动这条 14.5 米（47.5 英尺）长、最多可以承载 40 名乘客、并且以 8 公里 / 小时（5 英里 / 小时）速度行驶的船。船在运行过程中没有噪音，不产生废气并且能在阴天运行，如果船需要在夜间行驶的话，电池组可以储存足够的能量，使其在黑暗中行驶 32 公里（20 英里）。在不使用的时候，该船可以为国家高压输电网供能。设计师估计，该船与相同大小、以柴油为动力的船相比，每年将会减少大约 1315 千克（2900 磅）二氧化碳排放。它的造价比建造传统船大约要多出 15%，但是节约下来的燃料意味着这些附加的成本应该能在三年内收回。

这艘回旋型的船是太阳能实验室设计的第三艘太阳能船，其他相似的船已经在德国汉堡的坎斯坦茨湖投入使用了，船在德国、瑞士和奥地利之间摆渡乘客，这三个国家的国界都与该湖接壤。第四艘太阳能船将要在 2012 奥林匹克运动会期间在伦敦的泰晤士河上运行。这艘船将是建造成的最大的太阳能船，能够运载 255 名乘客。

太阳能实验室也发展其他类型的交通工具，例如太阳能人力车，装在人力车顶棚上的太阳能光电板能够提供该车辆所需能量的 80%，然后靠脚蹬来提供其余的能量。3.5 米（11.5 英尺）长的车辆最高速度能达到 32 公里 / 小时（20 英里 / 小时）。与传统的内燃机动力出租汽车相比，这预计能减少 2 公吨（2.2 英吨）的二氧化碳排放量。工作室也正在为伦敦公园设计混合太阳能 – 氢能动力的火车。

人造云

时间：2005 年

设计师：琼 – 玛丽 · 马萨尔和法国国家航空航天研究院

飞艇一直都是非常受欢迎的大容量运输方式，直至 20 世纪 40 年代，在速度和容量上被飞机超越了。1937 年的兴登堡空难促使了飞艇的消亡：36 人丧命，由于氢气——填满齐柏林号飞艇——史上所建造的最大的飞行器——试图在新泽西州着陆时引起火灾。

从那时起，定期会出现飞艇将要回归的预言，并且在最近几年，已经提出了几个重新建造这种庞大运输工具的建议。用不可燃的氦气代替易爆炸的氢气，能避免出现另一例兴登堡号火灾的风险，设计类似于飞行的酒店的奢华飞艇,激起了回到更为优雅和悠闲的旅行模式的期望。同样，在飞艇——或者飞船中——每个乘客对能源的需求也要远小于飞机，飞机必须燃烧矿物燃料才能让比空气重的机舱在空中行驶。就像公众所担忧的那样，空中旅行会增加温室气体的排放，然而飞艇似乎能在此重新复兴。

2005 年首次出现这个提议，鲸鱼造型的“人造云”由法国工业设计师琼 – 玛丽 · 马萨尔和法国国家航空航天研究院（ONERA）一同进行研发。“人造云”目前只停留在概念上，能够容纳 40 名乘客和 15 名机组成员。飞艇约有 210 米（689 英尺）长，总体积有 52 万立方米（680 立方码），飞艇的升力来自于两个装满氦气的浮力箱，悬浮在它们的下方的是两层客舱，有座舱和包括餐厅、图书馆、健身设备和水疗房的配套设施。在氦气箱的上面还设有一个阳光平台。飞艇可以行驶 5000 公里（3017 英里），或者以 130 公里 / 小时（80 英里 / 小时）的巡航速度，不停歇地飞行 72 小时。它由螺旋桨驱动，最高速度可以达到 170 公里 / 小时（105 英里 / 小时）。

商业用的氦气是从天然气中提取出来的，天然气中大约包含 7% 的氦气。自然产生的氦气是在铀及其他放射性材料的衰减中产生的。

棍子上的汽车

时间：2008 年

设计师：罗斯·洛夫格罗夫

威尔士工业设计师罗斯·洛夫格罗夫对太阳能非常着迷，并且设计了很多利用太阳能作为动力的概念性项目。棍子上的汽车是最具幻想色彩的产品之一，但是同样也是最有野心的产品之一，试图同时解决城市地区中所面对的许多问题。

该项目提出了一种新式的紧凑型城市车辆的概念，比现代的汽车更少威胁并且更小污染。洛夫格罗夫设计了一个类似于气泡形状的新式城市车辆，车周身都是玻璃屏，在车的内部围绕着中心柱安排了四个乘客座位。可用于购物和家庭郊游，该车没有汽车行李厢（后备厢）——使用者可以把他们购买的东西和物品暂时放在地板上。

车辆的底部安有四个多方向的小型车轮，可以使车辆向任何方向行驶，同时车辆顶部安装有光伏电池板，对车辆进行驱动。出于友好性的考虑，车身透明的外观设计是

为了让使用者与周围的环境有视觉上的接触，从而使他们成为街景的一部分，同时能消减通常存在于驾驶人员与行人之间的对立；出于同样的原因，车辆在夜晚将会采用内部照明。该车辆没有控制装置，其行驶依靠卫星和语音控制。

车辆不使用时，会停放在地面上的圆盘上，随后这些圆盘通过液压驱动的伸缩杆将车辆升到空中，这样就为行人腾出了街面的空间，同时也可以让车辆的光伏电池板继续充电。到了夜间，车辆下部的灯光亮起，扮演了路灯的角色。

棍子上的汽车与洛夫格罗夫早期的一个叫作太阳能种子的项目相类似，该项目是一个可移动的家的概念性设计，2004 年第一次被提出，形状很像一个电灯泡，并由在拱形顶棚上的太阳能顶棚供能。太阳能种子房屋设计为风景区内的短期住所，移动十分方便。

特斯拉跑车

时间：2007 年
设计师：艾迪欧公司和特斯拉汽车公司

电能汽车已经不是一个新鲜的概念，并且许多车辆已经存在，其能量来自于车辆停靠时给车载电池充电。然而，与高性能汽车相比，这项技术倾向于在实用型车辆上使用，例如牛奶花车或者高尔夫球车，而不是在高性能的汽车上。

特斯拉跑车在 2007 年正式推出，由艾迪欧工作室所设计，也是该工作室第一次实质性地尝试大批量生产电能运动跑车。该车的目标客户群是一群有着绿色环保思想、又不愿牺牲掉汽车性能的驾驶者。制造商加利福尼亚州特斯拉汽车公司（Tesla Motors）声称该汽车在提供愉悦的驾驶体验的同时，只产生汽油燃料汽车十分之一的污染，以及混合动力汽车三分之一的二氧化碳排放量。

这辆双座敞篷跑车由锂离子电池组来供能，电池组大约需要 3.5 个小时充满电，汽车在充满电的情况下可以行驶大约 355 公里（220 英里）。因为该汽车不需要燃料、水油管道、燃料室、同步齿带、离合器、排气系统以及其他汽油发动机所必需的设备，其电动机的体积与传统汽车相比十分小巧，重量就像一个西瓜一样。然而，它可以在 4 秒内使汽车从 0 公里 / 小时加速到 97 公里 / 小时（0 英里 / 小时至 60 英里 / 小时），并且最高速度可以达到 200 公里 / 小时（125 英里 / 小时）。

由于其从主电源供电，所以该汽车还不能做到完全无排放，但是制造商声称可以达到等价于 53 公里 / 升（125 英里 / 加仑）的矿物燃料。通过把汽车的重量减到最轻并使发动机尽可能地达到高效来获得效率，这样电能全部用来驱动汽车，而非产生热量——这种情况发生在许多汽油发动机的输出上。车辆使用一个复杂的计算机不断检测并调整发动机，从而确保其最大的效率，车辆所提供的再生制动系统，使车在减速的时候将动能转化回电能。

丰田普锐斯

时间：2001 年
设计师：丰田汽车公司

从 1997 年首次在日本推出，到 2001 年面向全世界，丰田普锐斯已经变成了全世界最出名、销量最好的混合动力汽车，吸引了大量媒体的注意，并且使节能型汽车变得时尚、富有魅力。混合动力汽车的运行既需要汽油也需要电力，不断地在两种能源中转换，以保证效率最大化。平均来说，混合动力汽车比只用汽油的汽车要节省大约 20% 的燃料。它们被广泛认为是过去的高油耗汽车与未来的低排量、低能源消耗的电能或氢能源动力汽车之间的过渡性技术。

混合动力汽车在高速行驶时使用汽油燃料的内燃机，但当车辆转向、静止或者启动时，则使用车载电池驱动的电动机来控制车辆低速行驶。复杂的电脑不断地检测汽车系统和行车条件，自动地在燃油动力和电力之间切换。像普锐斯这样的混合动力汽车也利用了再生制动系统，当汽车制动时将车的动能转化储存在电池中，以提供更多的电能。

普锐斯的车型有四门轿车和五门掀背车两种，是如今路面上最节能的汽车之一。一份由美国环境保护署带来的评估报告显示出 2008 年款普利斯样车的燃料消耗是 19.5 公里 / 升（46 英里 / 加仑），成为在美国出售的最节能的汽车。

普锐斯在日本推出以后——销售情况平平——在欧洲和美国上市，被一些具有环保意识的名人，比如布拉德·皮特（Brad Pitt）、卡梅隆·迪亚兹（Cameron Diaz）以及莱昂纳多·迪卡普里奥（Leonardo DiCaprio）所青睐，使之受到推崇并排着长队等待购买。普锐斯的成功激励了其他汽车制造商推出混合动力汽车，本田公司在 2005 年发布混合动力版的思域系列，雷克萨斯——丰田旗下的奢侈品牌——2006 年推出了混合动力的箱式轿车和混合动力的运动型多用途车（SUV）。更多的厂商也已经宣布了他们发展自己的混合动力汽车的计划。

本田氢动力汽车

时间：2007 年

设计师：本田汽车公司

2007 年 11 月的洛杉矶汽车展览会上，本田汽车公司的氢动力汽车（FCX Charity）正式揭开面纱，这是一款家用日用轿车，由燃料电池供能——该电池将氢能源通过化学反应转化成电能，并非通过燃烧转换能量，水是其唯一的副产品。电能储存在电池组中并供给汽车的电动机使用，再生制动系统可以为其充电，并且储存利用车辆减速时的动能。车辆可以行驶 435 公里（270 英里），最高速度能够达到 160 公里 / 小时（100 英里 / 小时），其燃油功率相当于 29 公里 / 升（68 英里 / 加仑）。

其他制造商也正在对氢动力汽车进行试验，包括宝马汽车公司，其氢动力 7 系汽车由燃烧氢气的发动机来供能驱动。然而，其车型是以现有宝马 7 系汽车的生产模型为基础。本田的这款氢动力汽车是从零开始设计，这就意味着它将成为第一款专注于燃料电池的汽车，于 2008 年面对公众上市，当时一个车队被租借到加利福尼亚州南部，这是一个有着严格环境法的州。

缺乏燃料供应站是目前氢动力汽车面临的最主要问题。车辆需要定期补充氢气，氢要求被储存在严格控制的条件下，但是到 2008 年秋天，在美国和加拿大地区也只有 70 家氢燃料供应站运营，另有其他已计划设立的 41 家。同样，因为首先需要电能来产生氢能源，所以燃料电池汽车不能真的达到零排放，除非这些电能是由再生能源产生的。本田公司最近在日本熊本县新投资了一家生产太阳能光电薄膜板的工厂——制造新一代的太阳能板所需能量仅为使用传统的结晶硅太阳能电池的一半。汽车制造商相信这些电池最终能够供给国内氢燃料站使用，燃料站将从水中提取氢气并提供给驾驶者，驾驶者可以自助为自己的燃料电池汽车补充燃料。

努娜 4 号

时间：2007 年

设计师：代尔夫特理工大学、努昂太阳能车队

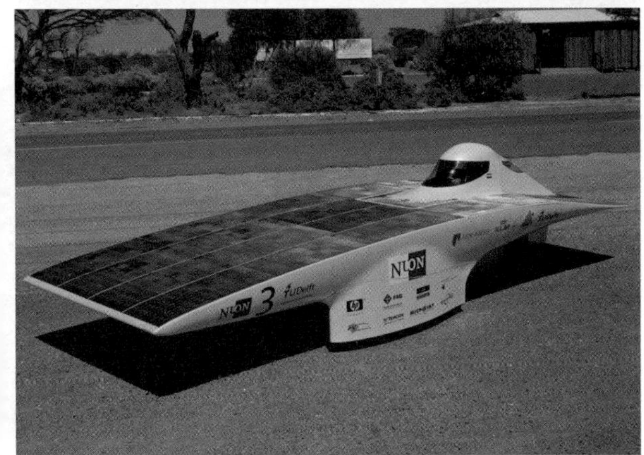

在澳大利亚，每两年就会举办一届松下国际太阳能挑战赛，这项赛事已成为太阳能动力汽车的重要竞赛。参赛者使用仅由太阳能提供能量的特制汽车，在从达尔文市到阿德莱德市之间，长达 3010 公里（1870 英里）的斯图尔特高速公路上竞速。

这项赛事带动了独特类型的车辆的演变，这类车同时借鉴了飞机与一级方程式赛车产业的形式：赛车高度符合航空动力学，车身上表面扁平并覆盖有光伏电池，驱动高性能电动机，驾驶员坐在狭小的驾驶舱内，驾驶舱从机身上凸起，使驾驶员可以看到前方路面。参赛队伍使用尖端的技术以获得最大的功率，比如利用道路的弧线，早上太阳从东方升起时，车辆会行驶在路的左侧，下午则行驶在右侧。

来自荷兰代尔夫特理工大学的努昂太阳能车队（Nuon Solar Team）近几年在这项竞赛中非常强势，自从 2001 年参赛以来，拿下了四届中所有的冠军。他们 2005 参赛的努娜 3 号（Nuna3）以 103 公里 / 小时（64 英里 / 小时）的平均速度打破了太阳能汽车的世界纪录。由于大赛组织方认为，大赛最初为了促进高速远距离行驶的高性能太阳能汽车发展的目的已经达到，所以在 2007 年的第十一届比赛中出台了新的规则。设计师必须把他们的机器改造成更贴近传统车辆的形式，其中包括正直的驾驶姿势，翻车保护杆以及最大能达到 6 平方米(64.5 平方英尺)的太阳能光伏板。

然而这次，代尔夫特依然凭借他们设计的努娜 4 号（Nuna4），在为期五天的竞赛中，以 90 公里 / 小时（56 英里 / 小时）的平均速度，再一次赢得了比赛。努娜 4 号带有三个轮子，仅重 200 公斤（441 磅），并且仅消耗与真空吸尘器相同的电能。它的上表面覆盖了 2318 个由锂离子聚合物电池组进行充电的太阳能光伏电池。电池通过 5.6 千瓦（7.5 马力）的能量轮流驱动后轮，直接驱动发电机。

Loremo

时间：2007 年
设计师：Loremo AG 汽车公司

一辆汽车越沉重，其行驶需要的能源就越多，其燃油的效率也就越低。同样，在发生碰撞时，重型汽车存在更多潜在的危险，也就意味着需要包含更多的安全性能，这样又进一步增加了它的重量。Loremo 概念性汽车挑战了这一悖论。它旨在尽可能地减轻车体重量从而使燃油效率增加到最大值，同时又不以牺牲安全性为代价。

Loremo 指低阻力汽车，由德国的 LoremoAG 公司所开发，计划于 2009 年投入生产。该汽车仅重 600 公斤（1322 磅）——不足标准汽车重量的一半，相当于一级方程式赛车的重量。Loremo 的耗油量是 67 公里 / 升（157 英里 / 加仑），一般一年可以行驶 2 万公里（12427 英里），消耗大约 400 升（105 加仑）的燃料——相当于传统汽车四分之一的消耗量。但它的最高速度可以达到 257 公里 / 小时（160 英里 / 小时）。

Loremo 通过把汽车的零部件减到最少化，从而达到其效率，并且对许多汽车设计的公认原则进行反思。该车不使用侧门——为了能够吸收冲击力，这些传统的侧门必须建造得十分坚硬，但同时也僵化了车辆的刚性——Loremo 使用向上翻的直通式前车门。乘车者跨过车辆的底梁来进入内部。这个设计使车辆可建成“线性的细胞结构”——由三个纵向的钢结构框架与一个横向的框架连接而成的网格结构。该结构重 95 公斤（209 磅），由可折叠的钢板制成，生产成本低廉并保证乘坐者的安全性。空气动力学对车辆的功效来说至关重要。Loremo 的表面只有 0.22 平方米（2.4 平方英尺）的面积迎风，空气动力系数为 0.2——对客车来说是极低的。

波音 787 号梦幻客机

时间：2007 年
设计师：波音公司

许多人会认为，喷气式飞机没有一点绿色概念可言，因此航空旅行已经成为环保人士的主要攻击对象。根据碳信托公司的数据，每名旅客在短途航班中每英里向大气层释放了 290 克（10 盎司）的二氧化碳——是公交出行碳排量的两倍，以及火车出行的三倍之多。

长途航班出行，每名旅客每英里的污染要少一些，产生 180 克（6.25 盎司）的二氧化碳排放量——这比燃油汽车每英里 300 克（10.5 盎司）的碳排放量要低。然而，单程 14485 公里（9000 英里），从伦敦到纽约的航班，其碳排放量超过半吨——这相当于一辆小型汽车行驶一年所产生的总量。航空旅行目前占了全球碳排放量的 3.5%，而且这个数字将随着这种旅行方式变得越来越大众化、越来越实惠而不断增长。作为对乘客需求的反馈——以及航空公司对燃油价格上涨的担心——飞机制造商正在研制更加节能高效的喷气式客机。

于 2007 年公布的波音 787 号梦幻客机，是一款中型、宽体的喷气式客机，据制造商所说，该机与小型喷气式飞机相比每位乘客将能节省 20% 的燃料，同时在起飞和降落时也更为安静。客机机身重量的减轻，节省下了大量的燃料。梦幻客机是首个使用环保复合材料的大型商业飞机，机体的 50%——包括机翼和机身——均由碳基纤维增强塑料制成。该飞机使用了更高效的喷气发动机，为其余的燃料节约做出了贡献。包括生态喷气机概念在内的其他创新方案，由价格低廉的易捷航空公司于 2007 年推出。航空公司声称，通过使用后置的“开放旋翼”发动机以及轻质材料，与现在的飞机相比，将会再减少 25% 的噪声，并且再减少 50% 的二氧化碳排放量。

BOEING

第7章 室内设计

与工业设计师和建筑师不同，室内设计行业直到现在仍处在可持续设计运动外围。然而，室内设计师也许很快就会发现他们位于绿色设计大探讨的中心位置，因为他们有办法在不毁坏和重建的情况下改变一个空间的功能和整体感觉，这就意味着他们能够大大地延长建筑的使用寿命。由于建筑物在最开始建造的时候，需要大量的原料，所以当它们不再适合于最初的用途时，寻找新的利用方式，显然对节省资金和保护环境都是非常有益的。

本书中有许多近期的案例，展示出智慧的室内设计是如何仅仅使用相当少的资源，使废弃的空间重新复活。以爱尔兰巴利曼（Ballymun）酒店的项目为例，这是一个在已经废弃的公益住宅区中的一套公寓中建设的临时性酒店和艺术空间，该项目旨在让人们注意到把设计糟糕的住宅区建造起来又破坏掉的过程中的浪费现象。

在有着“拆除——重建”文化的日本，由图式建筑事务所（Schemata Architecture Office）设计的狭山公寓非常与众不同——建筑师使用尽可能少的新材料重新整修了一个破败的公寓大楼，保留像厨房和卫生间这样的仍然具有功能的元素，但是拆去了其余几乎所有的东西。

由莫克斯与吉罗德建筑事务所（Merkx + Girod）设

计的教堂书店（Boekhandel Selexyz Dominicanen）位于教堂的另一端——这是一个巨大的、永久的、内部由钢结构建成的有800年历史的教堂。这个书店是教堂最新的化身，曾经也作为商店、啤酒店以及自行车停放处来使用，它证明了这一美丽的结构可以不断地被改造。由罗南·波罗列克（Ronan Bouroullec）与艾尔文·波罗列克（Erwan Bouroullec）兄弟设计的“缝合房间”（Stitch Room）是另一种绿色设计的案例，让人们用一套可重复使用的纤维构件快速而简便地组合成一个大型的室内空间。

似乎厨房是家居住宅中最能够进行绿色改造的房间。像冰箱、制冰机以及烤箱都是家中最费电的设备，洗碗机和洗衣机则会用掉大量的水。许多年轻的设计师，包括亚历山德拉·斯滕·约尔根森（Alexandra Sten Jørgensen）在内，都开始提议设计鼓励人们节约能源的厨房，并设计诸如把厨余垃圾做成肥料等的环境友好型的实践。

有迹象表明，这种思维方式也许具有商业利益，作为厨房电器界的巨头惠尔浦公司，已经研究出一个可以进行废水回收并且承诺减少一半能源使用量的“绿色厨房”。

康斯塔姆餐厅

时间：2006 年
地点：英国伦敦
设计师：托姆沙·赫斯维克（Thomas Heatherwick）

这家餐厅位于伦敦国王十字火车站边上的一家改造过的酒馆，它入选本节并非因为它的室内设计而是因为它的菜单。康斯塔姆（Konstam）于2006年开始营业，由奥利弗·罗（Oliver Rowe）担任主厨，其目标是所有的原材料都来自大伦敦地区。罗希望以此证明，他的餐厅可以提供令人激动的、美味的食物，而不需要从世界各地空运食材——随着超级市场货架上的新鲜产品从遥远的国家空运而来的这一行为引起越来越多的争议。

罗这种尝试的目的在于将他菜肴中的“食物里程”降到最小，康斯塔姆厨房里所使用的85%的产品，都在伦敦M25外环高速公路范围内生长和加工，这条公路定义了伦敦外边界。以面包用的小麦为例，在巴尼特和达特福德生长，然后在Ponders End磨成粉，而面包本身在旺兹沃斯进行烘焙。菜籽油在埃平生长、在萨福克压榨，代替必须依赖进口的橄榄油。菜单中也有来自切舍姆的羊奶奶酪和来自安玛西亚的猪肉。其他材料，像野生的大蒜，做汤用的荨麻，沙拉中的山楂叶，都是从伦敦的乡村搜寻来的。罗承认，他不可能在当地找到所有材料，但是所有进口的物品都在菜单中清晰地标注出来，尤其是葡萄酒，虽然这里也提供一些英国葡萄酒，但是主要还是来自于法国和其他国家。

餐厅的室内由跨界设计师托姆沙·赫斯维克所设计，他只用了一种材料进行构成设计：从五金店买来的细金属链条。阿尔伯特王子酒馆的原始室内状态原封未动地被保留了下来，铁链挂在了每一扇窗子玻璃的旁边。铁链被捆成一束一束的，悬挂在顶棚上，并且垂落在餐厅桌子的上方，这样它们就在吊灯的照射下形成了闪烁的光影。该设计总共使用了长达110公里（68英里）的铁链。

ALBERT
KINGS CROSS
ROAD WC1
2
PUBLIC
BAR
PUBLIC
BAR
←KONSTAM

巴利曼饭店

时间：2007 年

地点：爱尔兰都柏林

设计师：谢默斯·诺兰（Seamus Nolan）/ 众多艺术家和设计师

巴利曼饭店位于爱尔兰的都柏林北侧，是一家建在荒废的居住区里的临时性酒店。该项目由一群艺术家和设计师所实施，是一家极具创造性的功能型酒店，揭示了在建筑建成后的短短几十年内又将其摧毁的极度浪费现象，并且探索了如何给弃置的住房注入新的生命。

巴利曼郊区声名狼藉，因其在 20 世纪六七十年代根据乌托邦式建筑设计原则建造了大规模公寓楼，现在依旧被公认为是一项灾难性的规划。与城市地区的房产建设类似，该地区试图为之前那些居住在传统住宅中，居住条件很糟糕的居民提供更好的生活条件。但是新的地产建设情况快速恶化，导致该地区迅速变成了贫困、异化和犯罪的代名词。巴利曼住区现在已经被摧毁，并且由作为庞大复兴计划的新建住宅所代替。

巴利曼饭店建在克拉克塔的第十五层。2007 年的春天对公众开放了一个月，在以前的公寓中设立了 9 个房间并加上了起居室、早餐厅、会议室以及其他设施。该项目由艺术家谢默斯·诺兰所领导，作为“破土”（Breaking Ground）计划的一部分，该项艺术计划由巴利曼重建集团二次开发公司提供基金支持。诺兰与当地的群众合作，把公寓变成经过装饰的、整洁的酒店客房，但除此之外，其他方面仍保留艰苦简陋的环境。这些能一览都柏林壮观风景的房间，采用来自废旧家具上的一次性部件进行装饰，这些部件在爱尔兰树枝设计团队及其设计师乔纳森·莱格（Jonathan Legge）领导的一系列作坊中，由当地人进行加工制造。酒店在开张时举办了许多文化活动，在项目结束时家具被拍卖，为巴利曼居民成立了艺术奖学金。这座塔最终在 2007 年被拆毁。

条形码

时间：2006 年

地点：英国伦敦

设计师：伍兹·巴戈特建筑事务所（Woods Bagot Architects）

位于伦敦沃克斯豪尔铁路拱门下的“条形码”是一家尽可能做到环保的夜总会。由于这座拱桥被列入历史古迹，所以在建设期间他们不能改动建筑的结构；因此，这个夜总会被设计时尽可能少地触碰到主体结构。

设计者，伍兹·巴戈特建筑事务所，尝试将几种能减少能源消耗的设计相结合，尤其是使用 LED 灯代替白炽灯的照明系统。LED 灯更加节能——使用成本更低——与传统的灯泡相比，设计师要求所有照明系统的用电总量与电水壶把水烧开所需要的电量一样多。另外，LED 灯基本上不会产热，这就意味着夜总会里对人工制冷系统的需求更小。场内采用自然通风，虽然确实也安装了空调系统，但是设计师认为只有在夏天最热的晚上才需要使用。

LED 灯沿着拱形的吊顶一排排的安放在彩色半透明屏的后面。夜总会里还使用了其他节电方法，包括不是从前面打开，而是从顶部打开的酒吧冰箱，这样就会有更少的冷气外漏，从而降低能源的消耗。

游牧系统

时间：2007 年

设计师：雅伊梅・扎尔姆（Jaime Salm）和罗杰・艾伦（Roger Allen）/MIO 公司

游牧系统（Nomad System）是一种用可回收硬纸板为组件的模块化建筑系统，组件拼插在一起形成室内的屏风、隔墙甚至是房间，既不需要工具，也不需要破坏现有的结构。这个体系以单个的、平整的硬纸板组件为基础，每个组件被模切出一系列的插槽，其形状像老式的电视机屏幕。两个组件拼插在一起形成十字结构，形成了该体系的标准部件。组件可以像儿童玩具一样插接在一起创建不需要依靠支撑物的结构。通过选择不同的插槽，可以形成打开或者闭合的结构。

该产品用可回收的牛皮纸制成——一种由木浆加工而成的棕色粗糙纸板，广泛地使用在杂货袋、信封以及包装上——这个系统以 24 个组件为一包来销售，而且有很多颜色以供选择。超过它们的使用寿命以后，这些模块可以经由普通的社区收集方式进行回收。游牧系统是另一个更加适应室内结构变化的案例，在需要变化时，不用进行结构施工。硬纸板同样是一种很好的隔热材料，这就意味着由游牧系统这样的产品所创造出的室内空间有着很好的保温效果。

该产品由雅伊梅・扎尔姆和罗杰・艾伦为 MIO 公司所设计，这是费城当地一个专门研究可持续产品的设计品牌。该公司的产品包括家具、墙纸、灯具和配饰，所有的产品都设计成把运输、安装以及拆卸的需求减到最小，并且最大化产品的再利用、回收和堆肥的能力。MIO 表示他们只与那些具备着社会责任的商业公司进行合作。

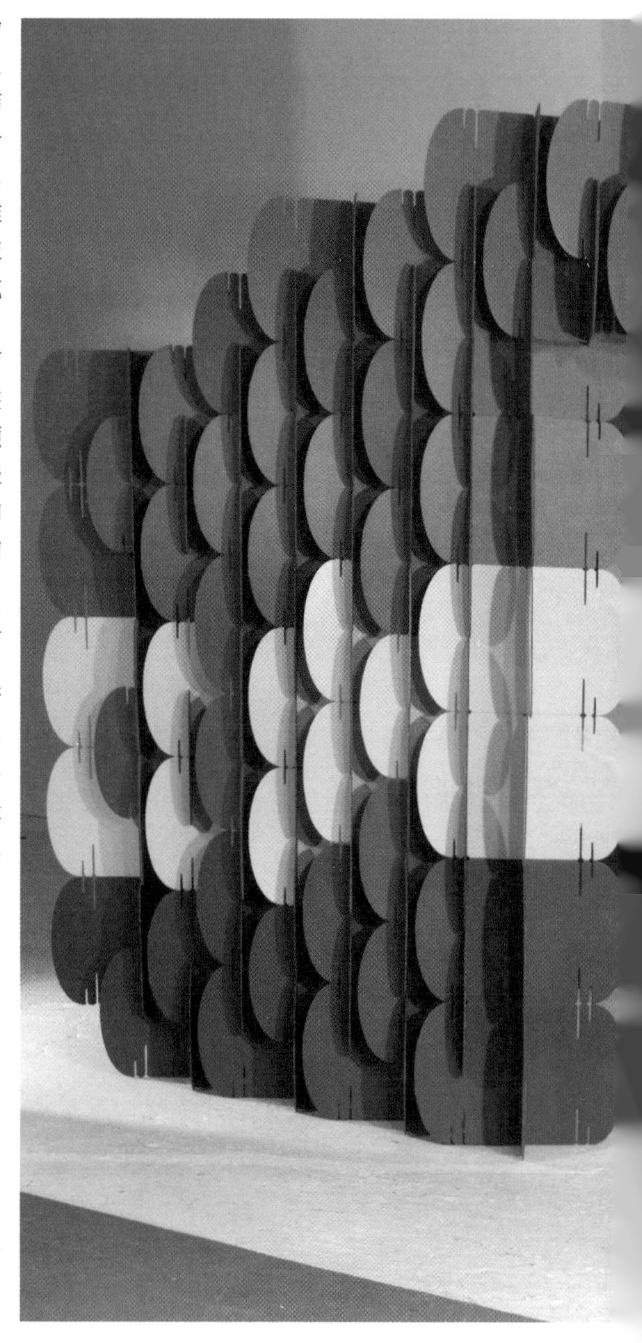

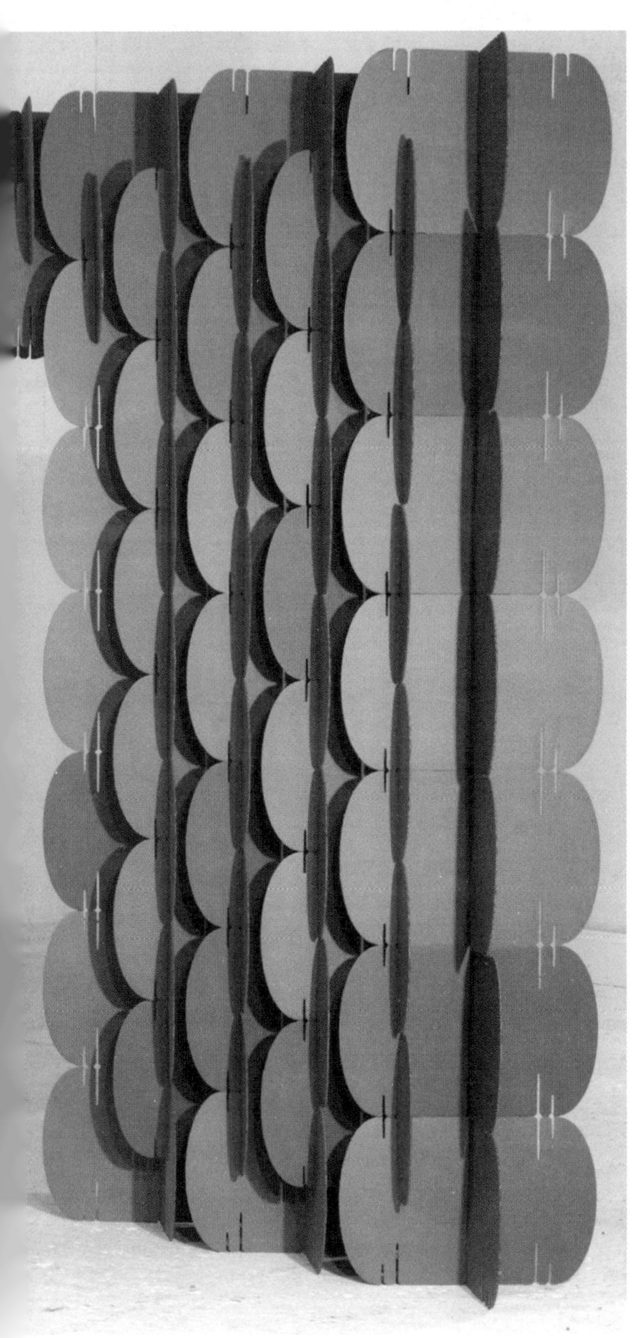

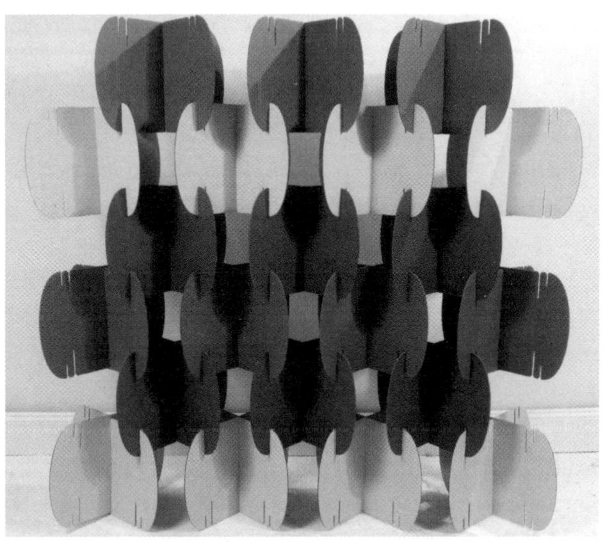

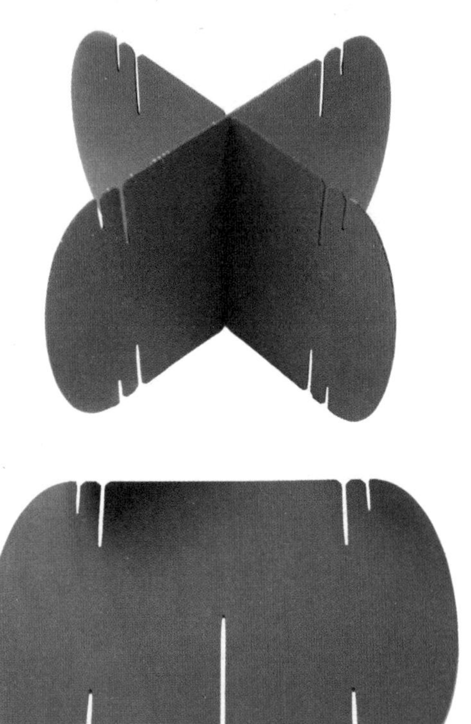

reHOUSE/BATH

时间：2007 年

地点：法国滨海圣玛丽

设计师：Fulguro 设计双人组 / 托马斯·若米尼建筑事务所（Thomas Jomini Architecture）

这个在法国滨海圣玛丽的德·阿维尼翁城堡里的装置，由瑞士的 Fulguro 设计双人组所设计，是一系列正在进行的国内节水调查的一部分。这个概念性的项目叫作 reHOUSE/BATH，提出如何显著地节约大量洗澡用水，并且产生可以再利用的“灰水”，而不是白白将其排走这一概念。人们在宽阔的浅池里洗浴，而管网可以将废水送到装有盆栽的花盆中。

这个装置发展自早期一个叫作 reHOUSE 的项目，该项目提出了为整个住房设置一个可持续水网的概念，并将水系统分为三种形式：饮用水、清水和灰水。这是一个发人深思的实验，reHOUSE 是在 Fulguro 设计组、瑞士艺术设计大学（ECAL）以及托马斯·若米尼建筑事务所三方的合作下进行的。饮用水由主管线输送，仅用作饮用和烹调。清水从屋顶和阳台收集而来，用作洗澡、清洗和制冷（这是一种通过水养陶瓷进行降温，叫作“hiberliths”的模式，与第 66 页的多西·列文公司的水手制冷水罐是一样的工作原理）。灰水——来自于洗浴和烹饪的水——经过一道过滤，然后用作清洁和浇灌那些用来食用的植物。厕所和厨房中的有机废物可以堆肥，为植物提供养料，堆肥的过程中产生的沼气可以作为周围环境和烧水所用的燃料。

Fulguro 设计组还设计了一系列节水用品，珍惜每一滴水，例如两个花盆放在一起可以做晾伞的架子，一个形状酷似一大片叶子的金属雨水收集器，像漏斗一样将雨水引入花盆中。

缝合房间

时间：2007 年

设计师：罗南·波罗列克和艾尔文·波罗列克

2007 年，在德国莱茵河畔威尔城的维特拉设计博物馆举办的“我的家”设计展览中，来自法国的罗南·波罗列克与艾尔文·波罗列克兄弟在展会上展出了“缝合房间”这一设计，展现了顶尖设计师所提出的另类室内设计概念。该设计是一种与贫民区的住房相类似的非正式的住房形式，由环保的织物材料制作，展示出了一种不同的室内形态，使室内空间变得更自由和轻松。缝合房间也可以给现有室内空间以新的功能，并不需要浪费的拆除和重建。

该设计的结构由坚硬的布料所制成的模块式板材所组成，将它们用按扣连接在一起形成了墙体、顶棚和地板。这些板材由轻质的铝棍支撑，穿过板材形成框架结构，从而在较大的室内空间里创造了舒适、温暖、有弹性的区域。

这些组件可以被定制并且被重复利用，并且织物板材能够保温和隔声。这些板材由丹麦品牌科瓦德拉特生产的环保纺织品制成。科瓦德拉特公司有着强烈的环保责任感，该公司禁止使用多种有害化合物，并且有着关于包装回收利用和污染最小化的严格政策。

地铁照明计划

时间：2007 年

设计师：卡罗琳·彭（Caroline Pham）

地铁照明计划是一项概念性研究，探索如何使得像地下通道、地铁和停车场这样的公共空间获得更高效、更美观的照明。由纽约帕森斯设计学院的学生卡罗琳·彭（Caroline Pham）所提出的这一概念获得了学院2007年度可持续设计评委会的一等奖。该项目使用了一个名叫“日光传输”的技术，该技术可以将日光收集，然后经由光导纤维向下输送，从而进行室内空间的照明。彭的建议，迄今为止还没有被实现，这项技术目前只是用来照亮黑暗、阴沉背景中的大型公共艺术板。

日光传输系统经过安装在屋顶上的、在白天追踪太阳的反光盘来收集日光，通过一束束的光缆把日光传输到地下，就像是光的导管。收集器过滤掉危险的紫外线和产生热量的红外光谱，意味着光纤维温度不会很高，可以触碰。光缆在顶棚或者墙上形成光扩散的单元。每个单元都可以产生充足的灯光来照亮大约93平方米（1000平方英尺）的空间。在阳光充足的日子里，这个系统可以提供多达建筑物所需光照的80%，其使用效率可以达到50%，这就意味着设备所收集来的一半日光都用来供给照明单元使用。光伏电池与之相比，大约是其效率的15%，因为其必须将日光转变成电能再将电能变回光能。

据估计所有能源消耗的30%是用于建筑照明。日光传输系统可以减少能源消耗，虽然它们被限制在相对短的距离内——大约9~15米（30~50英尺）——但是光缆可以在光线失去亮度之前将其运输到位。另外，这项技术只能在太阳光照充足的时候适宜使用，阴天里就会失去其效能。一项叫作“混合太阳能照明”的相关技术通过将日光运输系统与白炽灯或荧光灯相整合，解决了这个问题，当自然光照水平较低时，就可以通过电脑控制将其开启。

Boekhandel Selexyz Dominicanen 书店

时间：2007 年
地点：荷兰马斯特李赫特
设计师：莫克斯与吉罗德建筑事务所

这家书店位于荷兰马斯特李赫特荒废的多米尼加教堂内，这是一个如何赋予现存但荒废着的建筑以新的使用功能，且不需要将其拆除或用新结构来替代的案例。建一幢新建筑需要耗费大量能源，所以这个概念有着明显的环境优势。选取和准备原材料，以及将其运输和组装所使用的能源的总和叫作一幢建筑的“物化能”，这个能源相当于一幢建筑生命周期中总能源需求的 25%。由于拆除和重建要浪费掉大量的能源和资源，所以尽可能地延长建筑的使用寿命是很有益处的。

18 世纪晚期，拿破仑一世占领了这里并结束了该教堂作为宗教建筑的功能，有 800 年历史的马斯特李赫特教堂自此被用于许多不同的用途，比如仓库、市场、啤酒店，近期则被当作自行车停放处使用。2007 年该教堂有了另一种新功能，作为荷兰瑟莱克斯连锁书店的分店。狭窄的教堂中殿和走廊，被巨大的石柱所分割，并没有留下许多空间进行传统的书店布局，因此，莫克斯与吉罗德建筑事务所将书店垂直堆放在多层的钢结构上，看起来像一个巨大的书架，起重机架可以让顾客浏览到上层的图书。

在建筑物里，像制热和制冷一类的设备放在地下室里，让高耸的教堂室内空间尽可能清晰。书店里的每一个元素对教堂里的结构都尽量不造成破坏，确保在未来的某一天，每样物品都可以被移走，教堂可以再做他用。

The Catch

时间：2007 年

设计师：茱莉娅·洛曼（Julia Lohmann）

这个临时性的装置，既是一件设计也是一件艺术品，对过度捕捞的现象发表其看法。这个装置由德国的设计师茱莉娅·洛曼（Julia Lohmann）所设计，在日本的札幌进行为期三个月的临时性展览，其设计灵感来自于参观东京巨大的筑地鱼市场，每天会有 200 万公斤（440 万磅）的鱼在这里销售。

The Catch 利用从札幌鱼市拿来的木质空鱼箱填满了整个房间，并且将它们联结起来做成一个高达 270 厘米（106 英寸）的巨大的浪花形状。这个木制的波浪代表着空洞的、没有生命气息的海洋。在装置的中心有一个由倒置的鱼卵箱制成的小小的圆形房间。这间空房间就像一间被入侵者抢夺一空的小礼拜堂。一些蜡烛放在由金枪鱼骨做成的烛台上，将房间照亮，这些烛台就像是神殿中祈愿的蜡烛一样，放在用鱼箱做成的壁龛里。

日本是世界上最大的鱼类消费群体，有着世界上最大的捕鱼船队。全球对鱼类和海产品的需求使得很多物种都濒临灭绝。海洋覆盖了地球的四分之三，包含着地球上 80% 的生命，但近期的研究表明，全世界三分之一鱼类的数量不及从前水平的 10%，如果延续目前的捕鱼量，那么全世界所有的鱼类将在 50 年内消失。

The Catch 造型源于 Almadraba——西班牙安达卢西亚地区传统捕鱼所用的，一种迷宫般的渔网，这种网被称为 raveras，用来捕捞游进名为 copo 的中央池塘的金枪鱼。由于金枪鱼群的大量减少，这项技术目前已经被废弃了。

道德厨房

时间：2007 年

设计师：亚历山德拉・斯滕・约尔根森

厨房是许多浪费的源头，比如被扔掉不吃的食物，不细心使用而浪费掉的水，炉灶、冰箱和其他设备消耗的电和燃料，食品包装袋以及其他被丢弃的材料。

一些设计师正致力于寻找减少厨房浪费的方法，亚历山德拉・斯滕・约尔根森就是其中之一。她的"道德厨房"是当她还是英国新白金汉大学的一名学生时所做的设计，是使用污水和食物来供养藤蔓植物的概念性设计，这些藤蔓植物围绕着厨房的操作台生长。有机废物在一体的罐子里进行发酵，清洗蔬菜的盥洗污水可以回收起来用来浇灌植物。操作台下面的抽屉可以用来临时储藏回收的包装袋。使用者所进行的回收效果是显而易见的：因为如果植物没有施肥就会死掉。

该项目与Fulguro设计双人组和托马斯・若米尼设计的，用洗澡水浇灌室内植物的reHOUSE/BATH项目有很多共同点（见第188页）。荷兰设计师约翰・阿恩特（John Arndt）也开创了一个类似的项目，名为"地面力学的厨房"（the Kitchen of Terrestrial Mechanics），该项目使用从位于高处的碗碟架所滴落的水来浇灌植物。在阿恩特的设计里，滴下来的水也可以用来冷藏无釉陶瓷容器中的食物。

现在绿色厨房的概念逐渐流行了起来。2008 年，消费电器品牌惠尔浦展示了一款绿色厨房（Green Kitchen）。绿色厨房与现代的定做厨房十分形似，融入了一些斯滕・约尔根森和阿恩特的处理方法，但是是通过技术上的手段。当热水水龙头先被打开时，凉水也会随之打开，水将流到水生植物中，从而保持一个整体的像温室一样的区域。由冰箱的压缩电机产生的热量用作加热洗碗机所用的水。低能耗的冷藏空间可以让蔬菜和其他食物保持窖藏温度，其所需的能量要少于冰箱。将其他几种低能耗的电器结合起来，惠尔浦公司估计该设计将减少一半的能源消耗量。

农场项目

时间：2006 年

设计师：迈克·梅雷（Mike Meiré）/ 当代公司

农场项目是由德国设计师迈克·梅雷为厨房制造商当代公司设计的可移动展品，该项目试图让厨房设计远离主宰今天的极简主义美学。与之相反，该设计提议将厨房的操作方法和外观回归到传统农家厨房的形式，包括有活畜、盆中生长的草本植物，以及既可以准备食物又可以用餐的桌子。

梅雷的意图是重新建立我们所吃食物和食物来源之间的联系——这是被日益增加的超市、预先加工并过度包装的食材所打破的联系。农场项目展示了一种理想化的厨房，这里面的许多材料是只要出门就可以在农家庭院或者田地里找来的，甚至就来源于厨房自身，因为该装置的特色是充满着活的猪和山羊，装有活鸡活鸭的笼子，以及装有鱼的鱼缸。

该厨房安装一个类似于温室的可拆卸的结构，但是上面覆盖着各种材料的面板，例如木材和层压板，而非玻璃。室内所节约出来的每一英寸都用来储藏或者陈列，比如盆、锅，以及悬挂在顶棚上的腌制火腿，餐具挂在墙上，原材料和陶器则放在高高的开敞架子上。

农场项目的第一次展出是在 2006 年米兰国际家具博览会上，随后又在科隆和迈阿密设计博览会上展出。在这几次展览中，厨师为参观者准备了零食和正餐，用以证明这是可以使用的厨房，而不仅仅是个样板间。

除了覆盖的结构，这个厨房没有真正意义上被设计过，而是由厨房的员工在梅雷的艺术指导下，根据他们自己的需要组装起来的。它要阐述的观点便是，设计经常阻碍人们面对真实的感官体验，并使我们远离现实，这种现实躲藏在某种食物的制作方式之后，例如屠杀动物。

狭山公寓

时间：2008 年
地点：日本东京狭山
设计师：长坂常 / 图式建筑事务所（Jo Nagasaka）

由图式建筑事务所设计的狭山公寓是一个如何将现存的建筑——在这个案例中是公寓大楼——通过大量整修，但不需要拆除、丢弃以及重置每个建筑元素的实例。狭山公寓是狭山地区一幢有着 29 年历史的公寓建筑的改建项目，这个位于郊区的住宅距离东京市中心大约需要一个小时的火车车程。改造项目于 2008 年的 1 月完工，由东京图式建筑事务所的长坂常设计，设计师将这个平凡普通的 7 层住宅楼变成了主要由年轻人居住的住宅实验室，并且鼓励他们以自己的生活方式生活。

在日本，旧的建筑物通常直接被拆除然后重建，或者至少也是被拆除得只剩基础结构，然后全部重建原始的上部结构。这种对建筑基础结构再利用的方法可以节约资源，同时避免了使用大量的混凝土和其他材料进行地面填埋。图式建筑事务所去掉了建筑物的许多室内构造，留下了混凝土柱子、墙体和可见的顶棚，暴露出例如水管和电线一类的设备。大部分用来分割房间的薄墙也被拆除了，从而创造了一个很大的、灵活的空间，居民可以使用像窗帘或者可移动隔断一类的轻质手法对房间进行自主分割。这栋建筑物里的许多年轻的住户用捡拾的物品或者从二手商店购买的物品装饰他们的公寓。

有一些原始设备仍然被保留在原处，它们还具有使用功能并不需要被替换，包括大量厨房和卫生间在内。这些在公寓里保存下来，它们不同的风格成为建筑物以前的居民所留下的记忆。

垂直花园

时间：2007 年

设计师：帕特里克·布兰克（Patrick Blanc）

垂直花园近来在前卫的建筑项目中几乎流行开来，建筑师让·努韦尔（Jean Nouvel）、威尼·姆沙建筑事务所（MVRDV）、赫尔佐格与德梅隆建筑事务所（Herzog & de Meuron）以及妹岛和世与西泽立卫设计组合（SANAA），在他们设计的建筑中将鲜活的植物与高大的墙壁结合到了一起。努韦尔设计的巴黎布朗利博物馆是一幢被植物所覆盖的办公大楼，而 MVRDV 所设计的东京环流购物中心里的一片内墙完全被绿植所笼罩。所有的这些作品都归功于一个人——法国的植物学家帕特里克·布兰克，他是一名训练有素的科学家，是位于巴黎的法国国家科学研究中心的研究员，同时也是许多关于植物类书籍的作者。

经过多年努力，布兰克研究出一种完美的方法，使植物可以沿着垂直的墙壁生长，不需要土壤。植物成熟后，他的装置就像青翠的丛林一样，装饰在室内或室外的立面上，展示植物的美丽，并且还可以依靠植物吸收空气中污染物的能力来改善环境。这个花园还有着隔音和隔热的作用。

当他在周游世界进行植物学考察期间，布兰克观察到如果一直提供水分，植物往往沿着垂直的表面生长，例如岩石的表面，墙体或者树干，不需要任何土壤。他的垂直花园就是人为地复制出了这种现象。垂直花园的起点是一个安装在墙面上的金属框架，然后覆盖上 1 毫米厚的 PVC 薄板来保持墙面干燥。再在上面盖上防腐的尼龙毡来吸收水分，并且通过与毛细管相类似的功能将水分平均分配到墙的表面，从而保证插入剪开尼龙毡而形成的口袋里的植物全都能被灌溉到。只要能够不间断地接触到流水，植物也就不需要土壤，而且不会产生钻入墙体的根部，致使对墙体造成损坏。相反地，根部在墙体的表面无害地伸展。

垂直式花园需要一个灌溉系统，同时需要富有营养的水体，但除了这一点，这个系统是可以自我维持的（虽然室内的花园需要人工照明），而且在许多年里都不用打理。

第 8 章　建筑

建筑师比其他领域的设计师关注环境问题更为长久，因为建筑物是人类活动中能源需求量最大的领域，因此在促进减少浪费的设计实践中，建筑师有最大的潜能来发挥其作用。当代顶尖设计大师，包括诺曼·福斯特，理查德·罗杰斯以及伦佐·皮亚诺（Renzo Piano）在内，许多年来都一直致力于设计可以提高能源使用效率的建筑，而例如被动式通风、太阳能光电板和减少过热的智能太阳定位技术，也都被视作是他们对希望建造尽可能高效和愉悦的建筑的一种自然延伸。

然而，建筑师不得不与客户打交道，如果这意味着需要在建筑上花费更多的话，客户往往不愿意采用更加绿色的建筑设计方案。结果，绿色技术常常因节约开销而在设计阶段后期的商业计划中被排挤出来，即便在建造过程中只增加 1% 的额外开销便可在建筑的整个生命周期中将其能源使用效率提高 30%。

绿色建筑并不仅仅是减少已建成建筑的能源消耗。绿色建筑的建筑法规强调了建筑物需要把对所处位置及周边地区的环境损害减到最小；减少水的消耗；增加再生与可回收建筑材料的使用；并且保证建筑物可以提供一个健康的室内环境。

本章所展示的案例——包括了已建成的项目以及目前未建成的方案——有选择地展示出建筑师们在面对环境挑战

时不同的处理方式：从小尺度、低技术含量的处理方法，例如美国犹他州布拉夫建筑设计小组（DesignBuildBLUFF）设计的罗西·乔（Rosie Joe）住宅，是由当地社区成员使用廉价的或者从当地回收来的材料建造而成的；到复杂、高科技的建筑结构，例如由贝尼施、贝尼施与合伙人建筑事务所（Behnisch，Behnisch & Partner）设计的位于德国汉诺威市的北德意志州银行。

尽管处理的方式不同，但是顶尖建筑师们似乎有再次探索本地化的解决方法的趋势，这些方法在过去一直被应用，却在20世纪人们对工业的、人工化的解决方式的迷恋中被忘却。福斯特及其合伙人建筑事务所（Foster + Partners）的"姆沙达尔再进化"（Masdar Initiative）项目也许是这种趋势中最突出的案例。这个巨大的城市靠近阿联酋阿布扎比市，宣布要成为"世界上第一个零碳排放、零耗能的城市"，然而这个设计看起来是在效仿古代阿拉伯带有城墙的城市。

最终，发展中国家快速城市化所带来的压力，以及包括自然灾害在内对气候变化的预测不断增加，这些将要产生的问题，以迄今为止史无前例的规模交给了建筑师和规划师。路易斯安那州新奥尔良市的"做正确的决定"（Make It Right）项目，作为一个小的案例提出了这样一种思考：在这个瞬息万变的世界中，我们需要为贫困的人群提供庇护的场所。

果园街 9 号仓库

时间：2004 年

地点：**英国伦敦**

设计师：**萨拉·威格尔斯沃思（Sarah Wigglesworth）和杰里米·蒂尔（Jeremy Till）/ 萨拉·威格尔斯沃思建筑事务所**

官方根据项目的地址称之为果园街 9 号仓库，但是该建筑更广为人知的名字是稻草打捆屋（Straw Bale House），是位于伦敦的结合了居住和办公功能的，在英国最著名的可持续设计的案例之一。该建筑由萨拉·威格尔斯沃思和杰里米·蒂尔建造，既可以用做家庭居住，又能作为他们建筑设计的办公室。这个房屋建在一片可以远眺铁路线的土地上，结合了几十种不同的可持续设计方法，就像是绿色材料与绿色创意的实验室。

通过把居住和办公放在同一幢建筑里，这对夫妻排除了通勤的需求。在建筑上和技术上，这个房屋没有使用高科技手段，而是采取朴实的、非正式的解决方案。材料的选择上减少对环境的影响，这个房子就像是位于城市中央的古怪农舍一样，设有柳木制的篱笆大门，迷你的草坪，圆顶地下室里生长的小鸡，以及长满野生草莓的屋顶花园。它的绰号来自于北立面用于保温隔热的稻草捆。这些稻草捆的物化能很低、可回收、十分便宜，而且还有非常好的保温能力。这个稻草捆墙壁包围着卧室，使其保暖。

建筑物由柱子支撑，这些柱子是将破损的、回收来的混凝土块堆放在铁丝笼子里，就像路边使用的金属筐一样——尽管根据建筑规则来看，这些柱子并不是承重用的结构，也不包含钢筋。它们几乎不带有物化能，且是就地建造的。建筑周围的土地种植草坪，地面没有进行铺砌，用来增加自然排水。窗框由本地回收的北美油松枕木制成，面对铁路的墙壁则是用填满混凝土块的沙袋做成的，可以为房间隔声隔热。

建筑内部有一个砖制的像“蜂箱”一样的食品储藏室，是按照非洲棚屋的形状建造而成，热气可以经由顶部的洞口发散出去，从而保持室内的凉爽。雨水由屋顶的滚筒收集起来，用来冲洗可以进行堆肥的卫生间，光伏电池为地板供暖提供能量，太阳能板则用于加热热水。这所房屋的保温性能非常好，只有在每年最冷的六个星期里才需要使用客厅烧柴的火炉。

微型紧凑式住宅

时间：2005 年

地点：德国慕尼黑

设计师：霍尔登·彻丽·李（Horden Cherry Lee）建筑事务所 / 哈克 + 勒尔建筑事务所（Haack+Höpfner）

微型紧凑式住宅更接近于一辆奢华的大篷车而不是一所房子，它重量轻，能耗低，适于一到两人居住。通过去掉不必要的物品，并且把居住空间、储藏以及设备挤压进一个铝制的，边长为 2.65 米（8 英尺 4 英寸），仅重 1.8 公吨（2 英吨）的立方体里，霍尔登·彻丽·李建筑事务所的建筑师理查德·霍尔登（Richard Horden）和他的助手莉迪娅·哈克（Lydia Haack），设计了一个迫使使用者注重生活本质的房屋，过上不那么物质化的生活。

微型紧凑式住宅，或者称作 m-ch，就如它的名字一样，虽然制造商声称该住宅适合于长期居住，但是主要用作商务或者休闲。每一个住宅单元都包括了睡觉、办公、用餐、做饭、盥洗所需的空间和设备，屋内配有两张双人床、可以坐下五个人的滑动式餐桌、一个厨房区以及一个洗浴和如厕的小隔间。

m-ch 的设计灵感来自于空中旅行的商务舱，该建筑中的许多特征都来源于飞机制造业和汽车制造业，而非住宅建筑。每一个住宅单元都配有空调、热风供暖设备、平板电视以及火警报警器和烟雾探测器。

这些单元需要供电和供水，除此之外，它们可以放在任何地方，设计目的就是尽可能减少其对地面的影响。建筑物由三条腿的框架支撑，将住宅抬高到地面以上，以此来提供自然的空间并且让空气在立方体和地面间流动。这些腿可以进行高度调节，从而使房屋可以水平地放在任何角度的地面上。建筑物的尺寸使得它们在世界上的许多地点进行建造都不需要建筑许可证。小小的室内空间能有效地供暖和制冷，同时低能耗版本的住宅还可以使用太阳能光伏电池和风力发电机。

一辆卡车可以装下五个微型紧凑式住宅，它们重量足够轻，可以由吊车轻易地提放到地点，在特殊情况下还可以被直升机提起。当这些建筑物的使用寿命结束的时候，制造商提供收集和回收这些单元。

烟囱花园

时间：2007 年

地点：英国索尔福德

设计师：城市亮点公司 / Shed KM 建筑事务所

烟囱花园项目尝试使一个已经衰落的城市地区能够重新居住，而不需要将其完全拆除以后再重建。该项目是一个包含 10 个街区的联排小两居的家庭住宅重建工程，这些住宅是 1910 年为英国大曼彻斯特区索尔福德市 Seedley 和 Langworthy 的产业工人建造的。这个曾经充满生气的地区，由于缺乏工业就业环境以及大量的犯罪，驱赶了原有居民，现在已经变成了无人地带。又因为没有人愿接管这些老式住宅，它们中的大部分房屋都被木板围了起来，准备进行拆除。

曼彻斯特的地产开发商城市亮点公司（Urban Splash）在 20 世纪 90 年代，以将城市中废弃的工业建筑转变成受欢迎的 LOFT（阁楼）式公寓而知名，为那些美丽而古老的房屋探寻新的用途，避免它们被拆除，同时在这个过程中，使得在市中心的生活再一次变得时尚起来。就像世界上许多其他的城市一样，曼彻斯特的市中心见证了 20 世纪后半叶人口的急剧减少、工厂倒闭，以及中产阶级大规模迁移到郊区的住宅区的历史——因为对汽车的依赖以及土地利用效率低下，这个城市的范例被认为是非常不可持续的。

烟囱花园是城市亮点公司第一次尝试处置已经荒废了的连排住宅，其解决办法是让建筑远离街道，面对街道的砖墙外立面被完整地保留了下来，但建筑物的其他部分都全部进行了重建。在建筑物内部，房间的功能被完全颠倒了，卧室位于一层，客厅则在楼上。原来的小型后院被抬高的、共享式的、延伸到街道上的梯田花园所取代，并在花园下面设置了一个安全的停车场。独特的烟囱是这个地区绰号的来源，用突出顶棚的、形状类似烟囱的采光天窗将其替换，这样可以将日光带进室内。

虽然这个项目不像其他案例那样充满生态特点，但它仍是一个在城市中创造社会可持续发展的社区的开创性的尝试，而且不需要进行大规模的——常常带有误导性的——重建工程。

林康山地住宅

时间：2006 年

地点：美国亚利桑那州图森

设计师：DesignBuild 联合建筑事务所

夯土结构是一种古老的建筑方法，在保护生态环境的建筑工程上被发掘出了新的优势。这种技术在木材和石材缺乏、而且运输困难的地区已经使用了几个世纪，承重墙可以使用建筑基地上的土直接建造而成。夯土帮助降低对供热和供暖系统的需求，它高性能的建筑蓄热使它可以在白天储存热量，然后在夜晚释放出来，有助于调节室内的温度。这是一种特别适合于例如沙漠地区等的极端气候的建筑材料。

亚利桑那州图森市的 DesignBuild 联合建筑事务所（Architects DesignBuild Collaborative）所做的许多项目中使用了夯土，其中就包括这个位于图森市遥远东部山脉地区，由土和矿渣夯筑而成的林康山地住宅。这个住宅的功能是完全"脱离电网"的，其电能由太阳能光电板以及氢燃料电池产生。除了夯土以外，这个住宅还使用钢材、木材以及当地的石材进行建造，室内的墙壁用矿渣排列而成，矿渣是一种轻质、由火山岩做成的绝缘材料。在建筑物外墙的建造上，将当地土壤浸湿后与一小部分波特兰水泥混合在一起，然后灌注到伫立在基地上的木模板里。这些土一次只添加几厘米深，然后对其进行"夯实"（使其变结实），从而使混合土变得紧凑。原始的方法是手持木棍对其进行夯实，如今则使用机器。等到这些土壤填满到模板的最顶端，就会将周围的木模板拆除，留下了坚实的土墙。通常为了避免墙受到自然环境侵蚀，这些墙的表面要进行密封处理。正确建造而成的夯土墙可以无限期地保存下去——即使是在多雨的气候里——在这个项目中，由于添加了水泥，进而也增加建筑物的承载能力。

夯土结构与土砖相类似——土砖也是最原始的建造方法之一，如今的 DesignBuild 联合建筑事务所也在使用这种方法。土砖结构已经在美国西南部地区使用了上千年，用潮湿的泥土混合粪便或者稻草来制作砖块，然后在太阳底下将其晒干。

罗西·乔住宅

时间：2004 年

地点：美国犹他州布拉夫

设计师：布拉夫建筑设计小组（DesignBuildBLUFF）

罗西·乔住宅位于犹他州圣胡安河谷布拉夫市的一个小乡镇里，是一例自给自足式的设计案例。2004 年为一位纳瓦霍族单身职业妇女罗西·乔而建造，由 8 位来自犹他大学建筑与城市规划学院布拉夫建筑设计项目小组的建筑学学生设计。该项目提倡了一种学习建筑学的途径，即建筑应根植于对社区与环境的关心，学生们即是设计师，又是施工人员，并沉浸在他们就是建筑完工后的使用者的体验中。

罗西·乔住宅反映出布拉夫市的纳瓦霍人社区缺少可以使用的便利设施的情况，该项目尽可能使用那些廉价的或是回收来的建筑材料，且具有“脱离电网”的功能。它突出的特点就是其褶皱的、蝴蝶般的锡制屋顶，架离整个建筑，放置在一个焊接钢筋（一种增强型钢筋）制成的框架上。屋顶的表面面积要比下方的居住面积大，这样的设计即可以收集雨水然后将雨水引流进一个大储罐中，还能为房屋遮阴。

该住宅还有着 46 厘米（18 英寸）厚的夯土层，其向阳面的“集热”墙是由从当地挖出并筛选过的沙子和黏土建成的。夯土墙壁可以非常好的调节极端气候中建筑的室内温度，能减少白天对空调系统以及晚上对暖气设备的需求。南面的墙壁是由现成的窗户组成的，窗户使用了各种各样的材料，木制的顶棚也完全是由回收利用的货板制成的。外墙是利用稻草建成——这是一种非常廉价而且高度隔热的材料——将稻草夹在两片有机玻璃板中，就好像给室内的墙壁覆盖上了废弃的路标一样。

这个布拉夫建筑设计小组的项目，其设计来源是已故的建筑师塞缪尔·默克比（Samuel Mockbee）在亚拉巴马州已经建成的乡村工作室项目的设计方法，提倡从本地寻找建筑材料的解决方法，而非从其他地区引进。

贝丁顿零能耗社区

时间：2002 年

地点：英国英格兰萨顿

设计师：比尔·邓斯特（Bill Dunster）

贝丁顿零能耗社区，简称为 BedZED，是一个碳平衡的住宅项目，其目的是产生和消耗一样多的能源。这个项目将能源的需求降到最小值的同时，利用该区域的再生资源产生其所必需的能量。这个项目由英国建筑师比尔·邓斯特为伦敦皮博迪住房慈善信托基金会而设计，住宅小区位于伦敦东南部萨顿市的沃林顿村附近，包括了 82 个住宅和 17 个公寓。

在该社区采用的大部分绿色技术都是低技术含量的。高保温的房屋排列在朝南的平台上，巨大的三层玻璃窗用以保存太阳所产生的热量，并在白天减少人工照明。2003 年的一项调查发现，这个空间的热需求量要比英国的普通住宅少 88%。建筑物在建造中的所有方面都尽量使用自然的、回收利用的或者再生的材料，并且尽量使大多数原材料来自于周围 56 公里（35 英里）的范围内，从而降低运输成本。屋顶收集来的雨水可以进行再利用。能源来自于当地的热电联产企业（CHP），可以产生电能和热能，用来给建筑物供热。这个企业用修剪树木所产生的边角木料作为燃料，原本这些木料会被扔弃。这种类型的燃料被认为是碳平衡的，因为燃烧这些木料所产生的碳排放量和这些木材成长过程中所吸收的数量相等。同时，太阳能光电板也可以产生电能。

BedZED 与普通的住宅区相比，旨在减少居民汽车使用量的 50%。这里包括有办公区、托儿所和社区中心，提供给居民不需要离开社区就能工作和社交的机会，而汽车共享计划和限制停车空间的方法旨在降低汽车的保有量。为了鼓励步行出行，BedZED 采用围绕"住宅地带"的设计原则，道路布局将车辆与行走空间分离开，还有一些方便行人的设计，例如良好的照明设备，以及方便推婴儿车和使用轮椅的人使用的较低路缘。

伸缩概念屋

时间：2004 年
地点：瑞典韦姆兰省
设计师：24 小时建筑事务所（24H Architecture）

风格淳朴的湖边避暑小屋是许多瑞典城市人非常重要的辅助生活方式，他们愿意在冬夏两季回归自然。很多小屋里没有电、自来水和其他设备，而且对周围环境所产生的影响非常小。为了保护原始的自然保护区不被过度开发，瑞典有着严格的环境法律来禁止建设新的棚屋，并且严格限制着目前已经在建的扩展工程的总量。所以当鹿特丹市24小时建筑事务所的玛瑞提·拉默斯（Maartje Lammers）和鲍里斯·蔡瑟（Boris Zeisser）想要在瑞典找到一个乡村家庭式的休息寓所——蔡瑟少年时代都是在瑞典过夏天——他们不得不进行创新。

他们买下了一个19世纪的小小的、已被废弃的渔人小屋，位于韦姆兰省Glaskogen自然保护区Övre Gla湖边，并对其进行重建和扩张。因为法规禁止将房屋扩建的比原有建筑物更大——还因为瑞典的冬季极度寒冷，空间较大、通风较好的木屋会没有吸引力——所以他们想出了一个新奇的解决方案：在夏季，可以通过滑动，延伸出一个悬挂在原有小屋上、表面光滑的较大起居空间，在冬天则变成了双层隔热的温暖小巢。扩建的部分利用手工滑轮系统，在轴承上沿着钢轨滑动，伸出的悬臂横跨在一条溪流上。

小屋名为Dragspelhuset，也被邻居称为伸缩概念屋（Accordion House），小屋和可延伸出来的部分都外包着stickor——瑞典语中的传统木瓦。但是，这些木瓦是由进口的加拿大雪松做成的，这种木材的使用周期要比当地的木材长，而且不需要对其进行维护。小屋还附加了一些绿色技术，包括太阳能灯，而延伸出去的墙壁上贴有高度隔热的驯鹿皮——这是斯堪的纳维亚本土萨米人的一个传统技术。

伸缩概念屋与藤森照信（Terunobu Fujimori）（见第216页）的设计类似，探索着本土建筑技术和民俗建造方法如何被当代需求所采用。

踩高跷的茶室

时间：2004 年
地点：日本长野县千野市
设计师：藤森照信

这个由日本建筑师藤森照信所做的设计探索了自然与人工制品之间的关系——他相信这是 21 世纪文明所面对的重要问题之一。他所设计的建筑物，经常包含着植物和树木，尝试在场所中找到一种介于人造形式和自然景观间在美学上的——而不是技术上的——和谐。在建筑的施工过程中，其技术含量相对较低，结构基本是由钢材、灰泥以及胶合板建造而成。建筑外部采用像木材、石材或者泥土一类的自然材料；室内一般以使用草和芦苇等手工制成的自然材料为特征。接下来是植物：在他的香葱住宅（Chive House）的屋顶上种有几百盆细香葱；蒲公英住宅（Dandelion House）（见第 218 上图与第 219 页）中的蒲公英种在立面和屋顶上的木板表面的板条间；而松树住宅（Single Pine House）（见第 218 页下左、下右图）则将一棵松树种在了金字塔形屋顶的顶端。把植物与建筑相结合——而不是单独进行景观设计——这是对当代设计中常常将景观与建筑分开进行考虑的反抗。

踩高跷的茶室（也被叫作 Takasugi-an，见本页和对页）是藤森的作品辑中最小的项目，他的作品包括许多私人住宅和一栋大学教学楼，这也代表了他不寻常的建筑风格。该项目位于长野县千野丘陵、藤森家乡的村庄里，是他为了自己使用而设计的，建筑中有着胶合板的墙壁和手工敲制的铜制屋顶。这个建筑物的日本名字的意思是"一位过于高大的隐士"。

藤森是东京大学的建筑学教授，他提出了一个与大部分建筑师眼中的高科技未来城市有着本质性区别的未来城市概念。东京 2101 计划是他在 2006 年威尼斯建筑双年展上提出的一个概念性设计，想象出由于全球变暖所引起的海平面上升导致许多如今的城市区域将要被淹没。藤森提出了由珊瑚和木材所组成的新型城市概念，他所谈到的这两种材料都贮藏着大量的碳能源。这可以保证它们所含有的碳将被锁在建筑物中，而不是被排放到大气层里。

斯基弗热电联产站

时间：2006 年
地点：丹麦斯基弗
设计师：CF Møller 建筑事务所

这个靠近丹麦斯基弗城市海湾边上的发电站，其引人注意的并不仅仅是它的建筑，还有它利用设备为当地的房屋同时产生电能和热能的方式。传统的发电站只能产生电能，而这个热电联产（CHP 或者废热发电）设备可以捕获在产能过程中作为副产品、可能会被浪费掉的热量。这些捕获到的热量以热水的形式，通过管道用泵进行输送，来为当地住宅和商户供热。热电联产设备在斯堪的纳维亚地区非常流行，它比起单独发电和单独供热要更高效得多。

斯基弗电厂具有双重创新性，因为它靠生物能源运行而不是矿物燃料。生物能源来自于生物材料的收集和再利用，例如木材、稻草和植物油，都可以作为燃料来燃烧。如果这些材料是经过可持续的方式获得的，生物能源从理论上讲就是一种碳平衡的燃料资源，因为这些植物一生所吸收的碳在燃烧的时候释放回了大气层中。然而，如果把用来栽培和运输庄稼的矿物燃料考虑进去，这将是一个不可避免的碳的净排放量。斯基弗采用了一个工序叫作生物质气化，这个工序首先通过添加氧气给予极高的温度，把有机物转变成气体。所产生的气体要比有机物本身的燃烧效率更高，因此还能产生更多的电能和热能。

斯基弗热电联产站是全世界最大的生物质气化工厂。该建筑由丹麦的 CF Møller 建筑事务所设计，他们将这片长长的海岸线上潜在的碍眼的建筑变成了突出的地标性建筑。这个工厂的主体被铜板覆盖，这些铜板将随着时间的流逝生上绿锈，变成绿色。这个工厂的两个烟囱都是用柯尔顿钢做成的——这是一种预锈过的钢材。

做正确的决定

时间：2006 年

地点：美国路易斯安那州新奥尔良

设计师：众多建筑师

2005 年 8 月的卡特里娜飓风是美国所遇到过的最严重的自然灾害，造成了超过 1800 人遇难，预计经济损失达到 800 亿美元。

新奥尔良市所遭受到的损失和人员伤亡最为严重，上涨的洪水造成防洪堤保护系统灾难性溃败。城市的大部分，包括许多极度贫困的地区在内，都被洪水所淹没，这其中包括了以其混合性文化和传统音乐，以及其建筑门廊和拱顶而闻名的、生机勃勃的下九区。虽然有不利条件，但是城市中的这个区域有着很高的住房拥有率，这意味着这里的社区关系要比其他区域更加稳固。

“做正确的决定”（MIR）项目在电影明星布拉德·皮特的主持下，于 2006 年 12 月启动，该项目旨在确保城市中的重建工作既是可持续的，又是那些失去住宅的居民所能负担的。这个项目计划在下九区建造 150 幢新住宅，并开发一个在其他地方也可以进行复制的体系。利用皮特的名人效应，来自世界各地的建筑大师受邀进行住宅设计，既带有该地区被破坏前的建筑特点，但又会配备更好的设备抵御未来的洪水。

该项目最初安排的建筑师包括：美国设计公司墨菲西斯（Morphosis）、英国建筑师大卫·阿贾耶（David Adjaye）、荷兰的威尼·姆沙建筑事务所以及日本的坂茂建筑事务所。这个项目旨在在新设计中保留这个区域原来的建筑特征，会向参与的建筑师介绍这个区域的本地传统，例如霰弹猎枪、骑在骆驼背上以及克里奥尔村舍的住宅风格。

“做正确的决定”是一个非营利性的组织，依靠筹集资金来进行房屋的建造，项目中的每一栋住宅大约需要 15 万美元。

荷兰馆

时间：2000 年
地点：德国汉诺威
设计师：威尼·姆沙建筑事务所（MVRDV）

随着地球上人口的增长，这个星球上越来越多的原生地被开垦出来进行农业生产。因此，“垂直农场”概念作为一种减轻乡村所承受的压力的理论方式而出现，通过在靠近城市的高楼中堆叠种植农作物和养殖家畜，来生产城市所需的食物。荷兰馆由威尼·姆沙建筑事务所的建筑师设计，是“垂直农场”概念的原型，并且作为 2000 年德国汉诺威世博会中荷兰的作品而建造。

这个临时性的项目包含了几个不同类型的、典型的荷兰景观，彼此堆叠在一个开敞的塔楼里，由楼梯连接起来，楼梯蜿蜒环绕在整幢建筑物的边缘。游客们从叫作“风车层”的最顶层开始参观，这一层顶上安装有三个细长的风力涡轮机，可以为建筑物供能，而景观水池则可以收集雨水。

往下一层是“雨水层”，来自于上层池塘的水经过净化后倾泻下来。再往下是“森林层”——种满橡树的三层楼的高度，用从上层流下来的水对其进行浇灌。这一层展示出如何在高楼里的公共花园中，再造出这些像森林一样濒临灭绝的自然景观。下一层是“罐子层”。这里的巨大罐子中种植着上一层的橡树，从下面看悬挂在顶棚上，这样就增强了森林的人工特点。这些罐子同时作为屏幕来显示信息，同时还有一些罐子被当作卫生间或储藏间。

“温室层”包含着在人造光下种植着的成千上万的花卉植物，代表着荷兰的花卉产业，在其下面有一个“沙丘层”，由用波状混凝土制成的诡异的人造景观所组成。沙丘层代表着一片贫瘠的沙丘保护着荷兰远离海洋。威尼·姆沙建筑事务所提出了与这个概念相关的一个更加激进的设计：一个为家畜而建，叫作“猪城”的摩天大楼。这种建筑可以被大量的建造，让大面积的农田区域回归自然或者留作休闲使用。

德国国会大厦

时间：1999 年
地点：德国柏林
设计师：福斯特与合伙人建筑事务所

德国国会大厦于 1999 年在柏林完工，迅速变成了德国统一和可持续设计的新标志。这个建筑将对民主与透明的承诺和德国政府对环境渴望的宣言结合到了一起，清晰地表达出其所包含的德国对绿色议程深刻的承诺。作为众多发展清洁产业的进步国家中的一员，德国已经大量投资于风能，并且其可回收能源提供了国家电力需求的 13%。慷慨的津贴制度鼓励房屋所有人和商家安装节能设备，例如风力涡轮机和太阳能光电板来发电。

由英国福斯特与合伙人建筑事务所设计的德国国会大厦主要是对现有建筑物进行整修，而不是重建。这是一个其结构被证实能够适应变化的需求的案例，该建筑于 1894 年建成，作为第一代德国议会大楼使用，直到 1933 年被一场大火烧毁。经过一段时间的荒废，20 世纪 60 年代它进行了翻修，1990 年德国再次统一以后将其选作议会大楼。

福斯特保留了建筑物厚重的石材外墙，外墙可以有效地吸收热量，使建筑物冬暖夏凉。这幢建筑有自己的“热电联产机组”，或者叫作热电联产（CHP）设备，使用植物油运行。第一年，这个设备需要使用煤和原子能来增加电站产能，但是到了 2008 年，国会同意其所有的电能都来源于可再生能源。剩余的热量则存储在位于地下 300 米（984 英尺）的蓄水层中，在建筑物需要热量的时候就可以对其进行泵送。

建筑中的辩论大厅有着引人注目的玻璃穹顶，这即是民主的象征——民众可以经由螺旋形的坡道爬到穹顶的顶部，向下看到他们选举出来的代表——还是一个装置，可以让日光经由一系列的反光镜进入到建筑的内部。

DEM DEUTSCHEN VOLKE

花塔

时间：2004 年

地点：法国巴黎

设计师：爱德华·弗朗索瓦（Edouard François）

这是一栋位于巴黎西北部的用活的植物作为气候调节系统的十层公寓楼。由法国建筑师爱德华·弗朗索瓦所设计，花塔被竹子包围了起来，竹子围绕着每层楼板，种植在沿着狭窄的悬臂式阳台摆开的花盆中。他的设计灵感来自于巴黎人即使在极小的阳台上也要栽培植物的生活方式，为城市增加美丽和愉悦。除了能带给居民被花园环绕的感觉之外，植物还能抵御住外界的炎热、强光和大风，为公寓楼提供庇荫和遮挡。在花塔上总共有380个混凝土铸模的花盆，都由固定在栏杆上的软管网络自动灌溉。

弗朗索瓦可以说是最有趣的有绿色偏好的建筑师之一。花塔建立在他早期的项目基础上，即瑞皮耶假日住宅（Holiday Home in Jupilles）。这些淳朴的乡村小屋，建在国家公园的边界上，外墙边排列着生长的树木，这些树都是沿墙而种，形成了一件树叶外套，使小屋几乎淹没在其中。

在设计花塔之前，弗朗索瓦因另一件最著名的被植物覆盖的设计项目而闻名，位于蒙彼利埃的安提戈涅地区的勒莱城堡公寓。这个项目是为私人地产开发商而建设的，于2000年完工，这个弧形的、包含64个公寓的大楼有着类似于石面的外表面。是由金属筐构成——装满石头的钢制笼子——其中还包含着土壤和种子，因此，随着时间的流逝，整幢建筑物都会长满植物。这个项目有个昵称叫作“会发芽的建筑”，它还有着非常有特色的用大型木材围成的阳台，其中的一些从立面悬挑出来，还有的要用钢柱进行支撑。

10×10 住宅项目

时间：2007 年
地点：南非开普敦
设计师：众多建筑师和设计师

随着人们放弃了贫困的乡村而到城市中寻找更好的生活，许多发展中国家的城市都遭受着严重的宜居住房的短缺。这种大规模都市化的过程往往是自发性的，导致在城市内外的周边地区产生了大量不正规的临时性住宅，或者说是贫民窟。

南非的开普敦就是这样的一个城市，这里估计有 300 万人住在废弃物建造的棚屋里。政府的安置计划受到资金缺乏的限制，同时每年来自南非其他地区和邻国的大量经济移民也对该计划产生阻碍。

10×10 住宅项目是一种革新性的尝试，是适应于南非或者其他发展中国家的经济适用房的形式。2007 年，该项目由开普敦设计协会与 Inbaba 会展设计公司建立，让当地的 10 家公司与 10 名国际建筑师和设计师合作。项目的核心要求非常简单，就是每个 40 平方米（430 平方英尺）的家庭住宅，其建造费用不能超过 6.5 万兰特（6200 美元）——这些资金由政府分配给国家住房项目。所有设计师都是免费进行设计，一旦设计的原型被证明是成功的，Inbaba 设计公司将为设计方案免费制作方案蓝图、技术参数以及成本信息。这个项目的最终目标是在自由公园中建造 100 个住宅范例，而自由公园正是开普敦郊区的一个棚户区。

2007 年 2 月，由开普敦 MMA 建筑事务所的建筑师们所设计的第一个住宅样板间正式开工。这个住宅使用的是叫作环保梁的结构，堆积的沙袋围绕着用细钢筋来增加其强度的简单的木框架。这种建造方法不需要用电，也几乎不需要技术工人，因此人们可以自己建造自己的住宅。设计师称这种沙袋墙的坚固性和保温性与砖石墙相同，而且花费较少。

阿泰克馆

时间：2007

地点：意大利米兰

设计师：坂茂建筑事务所

2007年，两家芬兰的公司和一名日本的建筑师一起用革新的、可持续的材料建造了一个可拆卸的展示馆。这年四月，阿泰克馆建成于米兰，是受芬兰家具品牌阿泰克的委托，作为展示公司产品的可移动场所，用这种方式来反映公司的环境理念。展示馆由日本的建筑师坂茂所设计，他是使用纸或硬纸板等可回收结构材料的先驱（见第232页）。在这个项目中，坂茂大量使用了由另一家芬兰公司UPM所开发的新式复合材料，这家公司是造纸业的商业巨头。

采用尖顶房屋形状进行建造，40米（131英尺）长的建筑物由覆盖着外墙板的框架结构构成，朝向中央的部分是透明的，可以引入自然光，而且建筑物的两端都是开敞的。其框架结构、内表面和地板使用的都是一种叫作UPM ProFi的木板－塑料复合材料，其原料来源于UPM公司用于制作不干胶标签时产生的废弃材料。这种材料包含70%的纸和30%的塑料，可以挤压成结构部件或者塑造成板材，其使用方法与木材类似。这种材料强度高、质量轻，在室外使用的时候也不需进行密封。

支撑展示馆的胶合板平台，由L形ProFi板材压制成的21块完全相同的模块化构建组成。这种材料最初是UPM为了自己使用，用做边角保护材料而开发的，在这个项目上则用作建筑物的结构梁和横向构件，用钢板将它们连在一起。在200平方米（2153平方英尺）、40米（131英尺）长、5米（16英尺）宽以及6米（19.5英尺）高的建筑物里，总共用掉了14公里（8.75英里）长的这种复合部件。这个展馆的设计非常易于拆卸，而且已经在世界各地的设计展览上用于展示阿泰克公司的产品。

纸板桥

时间：2007 年

地点：法国戈登河

设计师：坂茂建筑事务所

日本建筑师坂茂在过去的 20 年中已经率先使用纸张和纸板作为结构材料，使用这些潜在的可再生能源和可回收材料建造住宅、工业建筑、展览馆，以及最新设计的人行桥。这座临时搭建的桥于 2007 年夏天矗立在法国南部的戈登河上，并不完全使用硬纸板做成，而是由 281 根硬纸管通过钢材连接件组装而成。纸板桥的台阶用回收的纸和塑料制成，桥墩用的是填满沙子的木盒，埋在河的两岸，而不是使用钢筋和混凝土。

坂茂在 20 世纪 80 年代开始试验工业纸板管，把它们并排着垂直放在一起来制作隔断和墙壁，并与更加传统的结构系统混合使用，在诸如日本东京的三宅设计工作室画廊（1994）和山梨县的纸房子（1995）这样的前卫作品中使用。坂茂帮助改变日本的建筑法规，承认纸板作为一种合法的建筑材料，来实现这些项目。之后，他在日本、土耳其和印度为因地震而无家可归的人用纸管设计了实验性的临时住房。这些都是完全可回收利用的，包括用装满沙子的啤酒板条箱制作的地基，以及不透水的帆布防水屋顶。

在 20 世纪 90 年代后期，他开发了一种使用纸管作为结构材料的方法，将短小的纸管用胶合板支架组合成立体晶格，形成巨大的拱形结构。1998 年，他在日本岐阜建成了第一个利用该结构的纸拱顶，有着 27 米（88.5 英尺）长的跨度，支持着一个波纹状的碳酸酯板的屋顶。

坂茂为 2000 年德国汉诺威世博会设计的日本馆，是他目前为止最雄心勃勃的设计，也是至今建造出的最大的纸结构：一个由纸管构造而成的 74 米（243 英尺）长，25 米（82 英尺）宽，16 米（52 英尺）高的拱形结构。该建筑复杂的“网壳”结构，在两个方向上形成曲面，起伏的表面让人联想到毛毛虫，“网壳”结构由 12.5 厘米（5 英寸）直径的纸管晶格构成，包含强大的侧向力。坂茂与传奇的德国结构工程师弗赖·奥托（Frei Otto）合作——他开创了使用钢材和木材的网壳结构——完善了这个极其先进的结构。德国法规要求坂茂做出让步，在他的结构中添加一个木制次结构，并用塑料和金属构件将结构连接在一起，不然这便是一个极为可持续性的建筑，有着纸和织物做成的膜屋顶和填满沙子的基础，这意味着几乎每一个组件在场馆被拆除时都可以回收。

坂茂对于廉价的、可回收的、现成的建筑材料的探索，引导他设计了一个最新的由钢制的集装箱组成的可拆卸的艺术画廊。他的游牧博物馆是一个旅行的艺术展览之家。用 152 个堆叠的集装箱组成的博物馆，目前为止已在威尼斯、纽约和圣莫尼卡展出。

太阳能房屋系列

时间：2007 年
地点：美国华盛顿特区
设计师：达姆施塔特工业大学（Darmstadt University of Technology）

太阳能十项全能（Solar Decathlon）竞赛，邀请各个学院和大学设计并建造太阳能房屋。每两年或三年就会在华盛顿举行一次竞赛，意在鼓励开发更节能的住宅并促进更高的设计标准。

2007 年太阳能十项全能竞赛的总冠军是来自德国的达姆施塔特工业大学的设计。他们的矩形平屋顶设计（见对页下图外立面效果），在所有三个评比类别——建筑、工程和照明中均赢得了第一名——同时其能源系统也取得了最多的分数。

该建筑物的外墙系统排列成层，每个层执行不同的功能。最外层是木百叶窗，起到遮阴和保护隐私的作用，百叶窗上的太阳能光电板则负责发电。第二层是保温层，东西立面设置真空隔热板（空心板内部的空气被抽干，这大大降低了对流热），南北立面上则由四层光滑的落地窗组成。百叶窗和窗户都可以手动打开，白天打开房屋获得日光和新鲜的空气或是关闭后获得隐私和温暖。第三层是中央核心，其中包含了生活元素和技术设施。为了使空间更加灵活，房屋内部以区域划分，而不是以房间划分，并且双层地板的面板打开后可以提供生活和睡眠的空间。

房子采用了被动供暖系统，阳光穿过朝南的大窗户可以提供大部分的热量需求，并且高质量的隔热维持着屋内的温度。因此，它只需要不到十分之一的能源即可满足一个普通德国家庭的供热需要。其他节能技术包括，在东西方向不设置窗户的墙面上使用“相变材料”，简称 PCMs。这种材料加热时会从固体变成液体，从房屋中吸取热量，当空气温度变冷时，可以向室内释放热量。用这种方法可以稳定室内的温度。有许多不同的 PCMs 材料可以使用，包括像蜡和植物提取物一类的有机物质。

该房屋尽可能使用自然的、当地生长的材料，样板房使用德国橡树制造而成。该房屋由三个大小相等的模块装配而成，这些模块可以在工厂中加工，并用一辆卡车进行运输。

世界猛犸和永久冻土带博物馆

时间：2007 年

地点：俄罗斯西伯利亚，萨哈－雅库特

设计师：利泽建筑事务所（Leeser Architecture）

这个项目试图解决一个非常普遍的环境难题：如何通过让人们见证第一手的、从没有被破坏过的环境，来鼓励公众理解脆弱的生态系统。永久冻土是全年温度都保持或者低于冰点的一种土壤，形成一个通常可以达到 4 米（13 英尺）深的冰冻外壳。这种冻土覆盖了地球表面大约 20% 的面积，但随着全球变暖而导致的温度上升，西伯利亚和阿拉斯加的永久冻土正在以前所未有的速度解冻。科学家们担心，永久冻土带的融化会释放出大量甲烷，这是一种非常强劲的温室气体。

由纽约利泽建筑事务所设计的世界猛犸和永久冻土博物馆，在 2007 年赢得了一项国际性竞赛奖，博物馆将被直接建在靠近俄罗斯西伯利亚萨哈－雅库特地区的雅库茨克市附近脆弱的冻土地区内。博物馆的目的是为科学家提供研究场所，研究这种脆弱但极其严酷的环境，同时使公众能了解这种生态系统以及科学家的研究成果。

为了把对景观的破坏减到最小，并阻止热量传递到冻土——热量会融化冰层而导致建筑物下沉——博物馆将被架在锥形支柱上，从永久冻土上被抬高 6 米（20 英尺）。建筑的屋顶覆盖着同样的锥形支柱，但是是反向的，作为光的收集器。它们的角度朝向南和向西，将阳光传输进整栋建筑。太阳能光电板和风力涡轮机将使建筑物对电网电能的依赖降到最低，并且建筑半透明的双层外立面充满气凝胶——这是一种轻质、半透明的气泡，有着极好的隔热性能。

博物馆里面的花园种植了原生冻土物种，如草和地衣，这些植物会帮助净化空气和保持湿度。博物馆还设计了一个供游客参观的地下画廊，展示了最近所发现的长毛猛犸象的骨架。

北京当代万国城

时间：2005 年

地点：中国北京

设计师：史蒂文·霍尔建筑事务所（Steven Holl Architects）

随着现代化发展，中国正在以一个前所未有的规模建设着，城市和工业以惊人的速度扩张。平均每周建造两个新电站，每年二氧化碳排放量都将增长大约 9%，当一个 13 亿人口的国家建造现代化的基础设施时，就产生了对环境影响的担忧。但中国正在迅速崛起成为一个最前沿的绿色设计国家，鼓励在这个国家工作的建筑师和设计师将最新的环境保护理念应用到他们的项目中。

美国建筑师史蒂文·霍尔设计的北京当代万国城，坐

落在北京旧城墙的旁边，占地 6 公顷（15 英亩），共有 8 座塔楼，当项目在 2008 年底竣工时，可为 2500 人提供居住和配套设施。当代万国城有着世界上规模最大的地热制冷和供暖系统之一，是通过从地下 100 米（328 英尺）处的 600 口地井里泵水进行加热和冷却。用泵抽上来的水穿过建筑物的混凝土楼板，在冬夏两季维持恒定的温度。地热供暖和制冷系统利用就在其地底下所发现的热源，在那里温度常年趋于稳定（10~30 摄氏度 /50~86 华氏度，根据当地的气候）。在冬天，这个被称为“地源热泵”的泵提取热量，将其转移到建筑物中。这个泵可节省建筑物 40%~70% 的供热成本和 30%~50% 的冷却成本。

当代万国城还利用了其他绿色技术，例如绿色屋顶及中水循环系统，但其最显著的特征，还是将各个塔楼连接在一起的高架人行走廊。这些走廊中包含咖啡馆、健身房和其他设施，这个设计目的在于减少居民离开小区的需要。

马斯达尔再进化

时间：2006 年
地点：阿联酋阿布扎比
设计师：福斯特及其合伙人建筑事务所

在阿联酋首都阿布扎比市的沙漠中的沙子底下所发现的大量石油储备，使这座城市变成了世界上最富有的城市之一——同时也是最不可持续发展的城市之一，因为近期建设热潮已形成高楼林立，极度依赖空调和淡水（这是一个需要消耗大量能源的过程）。与此同时，这里的居民是世界上最依赖汽车的人群之一，开着严重影响环境的油老虎穿梭在高楼之间。

然而阿布扎比市意识到他们的石油总有一天会耗尽，他们试图将自己变成一个可持续城市设计的领导者。马斯达尔再进化（masdar 是阿拉伯语“来源”的意思）于 2006 年公布，这是一个雄心勃勃的计划项目，将会调查新的节能方式。该设计项目的中心是一个位于靠近阿布扎比市的沙漠中，面积 6 平方公里（65 平方英尺）的校园，由福斯特与合伙人建筑事务所设计并宣传，宣称是“世界上第一个零碳排放、零耗能的城市”。

这个校园内将要容纳学院、研究设施和商业，基于古老的中东地区规划原则而设计，整个开发区安置在保护墙内，建有无车的街道网络，其中一部分覆盖了遮阳的木屏障，规划分区把人们与公交枢纽、商场等便民设施的距离减到最小：人距离公共交通不超过 200 米（656 英尺）。建筑最多将有 5 层楼高，而且建有符合当地文化的风塔，将沙漠地区的凉爽清风引流到建筑物中。

电力将由太阳能发电站提供，并且城市内 80% 的屋顶空间将布满太阳能光电板，同时正在建设的个性化的大容量公共交通系统将降低人们对汽车的依赖。在公布的工业中将建设一座生产先进薄膜光伏电池的工厂，在经济上，这座城市的目标是位于新的可持续发展技术的最前沿。

丘陵网壳

时间：2002 年

地点：英国苏塞克斯

设计师：爱德华·卡利里南建筑事务所（Edward Cullinan Architects）

这座实验性的建筑，探索将古代建筑技术、低能耗施工过程与高级的、电脑生成几何图形的方法相结合。由爱德华·卡利里南建筑事务所设计的丘陵网壳，就像它的名字一样，有着网壳式的支撑结构。位于英格兰苏塞克斯郡的旷野与丘陵的露天博物馆，在农村地区展览着一系列重建的古老木屋。这个网壳建筑有 12~15 米（39~49 英尺）宽和两层楼高，作为博物馆木工和工匠的工作间使用，而地下室则用作储藏、管理和展示。

这个网壳结构非常的轻，结构在两个方向上形成曲面，但是它并不是一个实体的表面，而是由一条条材料组成的十字交叉的网格。网壳可以用任何材料做成，过去用的是钢、铝或者是纸板来建造。但是丘陵网壳是一个开创性的结构，它使用“绿色的”（未经加工的）橡树板条制成。首先在高起的脚手架上将细长橡木组装出一个双层平板的网格结构。这些木条用金属板和螺栓制作成的配件联结到一起，从而让这些木材可以弯向任何方向。随后，将这个网格的边缘弯曲放置在地面上，形成一个复杂的、自身可以承重的三维结构。这个结构首先要在计算机里全面建模，来确保结构能有足够的强度来支撑自身，并且能够经得起风雨。曲线形屋顶——被设计师描述为“三个球状沙漏”的形态——在建筑的长度上增加了强度。

该结构外部的下半部分松散地覆盖了木瓦，而上半部分则是一片片玻璃。在房顶的最顶端，排水更加困难，用防水屋盖进行保护。这个建筑被设计成尽可能少的消耗能源。高层的自然光可以透过屋顶装有玻璃的部分，意味着该建筑在白天不需要人工照明。雨水可以收集起来并经太阳能加热，然后泵入地下供暖系统。地下室由极厚的墙壁建造，从而创造理想的环境和恒定的温度来保存博物馆档案里的文件。

威尔士国民议会

时间：2005 年

地点：英国威尔士卡迪夫湾

设计师：理查德·罗杰斯建筑合伙事务所

这座建筑作为新成立的威尔士议会本部，从一开始，便成为可持续性的、兼容性的设计的倡导者，而不是又一个纪念性建筑的案例。该建筑于2005年建成,坐落在卡迪夫海湾，是威尔士首都的一个天然海湾，这里曾经是世界上最忙碌的煤炭出口港。由于国家大部分的煤矿已经采尽或关闭，所以在海湾上建设这个低能耗的建筑有着深刻的象征性意义。

理查德·罗杰斯建筑合伙事务所（现在叫罗杰斯·史达克·哈伯及其合伙人建筑事务所，Rogers Strik Harbour+Partners），长久以来一直处于可持续建筑设计的先锋位置，探索限制建筑物的能源消耗，且不牺牲掉建筑的高技派建筑风格的方法。对于威尔士国民议会，建筑师努力在建筑材料的使用以及建成后运营的能源要求这两方面减少对环境的影响。该建筑在可能的情况下使用当地的劳动力和材料，并且在大楼的顶部有6米（20英尺）高的可旋转的喇叭式风斗，最大程度上靠自然通风。这种风斗的设计受到英国传统的烘干室的启发，在那里对制造啤酒的啤酒花进行干燥。木质的漏斗形状位于辩论厅的上方，使热空气可以上升到通风口并分散出去。这个设计和其他的自然通风系统使大楼的办公区域不需要空调设备。这个漏斗形状由一系列同心圆的铝环排列组成，可以把日光反射进大厅，这样就减少对照明设备的需求。风斗的底下安有圆锥形的镜子，在日照较低的冬天就可以反射更多的光照。这些镜子可以手动提升或者降低以调节光线的反射水平。

这座建筑还可以通过生物燃料锅炉来提供热量，该锅炉燃烧木屑。当雨水落到雨棚式的屋顶上时，可以通过管道流进钢柱，用来冲洗马桶，并对周边的景观环境有清洁和灌溉的作用。与其他类似建筑相比，该建筑的运营费只需其一半。

北德意志州银行

时间：2002 年
地点：德国汉诺威
设计师：贝尼施、贝尼施及其合伙人建筑事务所

一般来说，玻璃用在建筑物的外饰面上，从环保角度来讲会被认为是一种不好的材料，因为玻璃幕墙的建筑会冬冷夏热，需要高能耗的制热制冷系统来保证员工的舒适。尽管如此，许多公司仍旧使用着光亮透明的办公大厦，因此，建筑师们对如何让这种建筑更加环保的问题进行了深入思考。这座位于德国汉诺威的办公大楼，是北德意志州银行的总部——德国北部的清算银行——全力以赴尝试成为一幢环境友好型的建筑。

该建筑由斯图加特设计团队贝尼施、贝尼施及其合伙人建筑事务所设计，建筑物中有许多试图减少能源消耗的技术，包括可以根据阳光自动进行调节的智能百叶窗、自然通风（在这里指窗户可以手动打开）、用来加热水的太阳能板，以及在夏季通过使用从地下泵出的水来稳定温度的地热系统。楼群有“绿化屋顶”，种植景天属植物——一种坚硬的肉质植物——还种植野花，吸收太阳光的热能并避免建筑物过热。同时露天的庭院被一排日光反射装置照亮——反射板随着太阳轨迹移动，把光线反射进其他昏暗的角落。

建筑中心塔楼的造型与众不同——有 17 层高，里面有着可以转换方向的地板和摇摇欲坠的悬臂——这其中是设计师们的一种玩乐——显示自己和企业客户不一样——但也是十分必要的，因为德国建筑法规要求办公人员的桌子离窗户不超过 50 厘米（20 英寸）。塔楼上那些细长的“手指”通过转换方向给每一位员工带来充足的日光，形成角度时可以最大限度地将光线洒进院子里。

拉斯帕尔马斯寄生建筑

时间：2001 年

地点：荷兰鹿特丹

设计师：寇特柯尼·施图尔马赫建筑事务所（Korteknie Stuhlmacher Architects）

随着城市中心可发展的空间急剧消失，乡村的建设压力也在逐渐增强，许多建筑师都在寻找在城市中建造小型绿色住宅的同时，不需添加基础设施的新方法。未被充分利用的屋顶显然能为这种新式结构提供场所，而这个临时性的项目就建在鹿特丹市码头以前的仓库中的电梯井上面，是一座典型的实验性的“寄生型”建筑。

这个临时坐落于建筑物的上方、名为拉斯帕尔姆沙寄生建筑的项目是由荷兰寇特柯尼·施图尔马赫建筑事务所设计，是 2001 年鹿特丹市举办的欧洲文化之都庆典活动中，寄生建筑展览的一部分。

寄生建筑的建造方法——该案例中“以现成的高级两用小型私人临时生态住宅为原型”——极具简洁性和灵活性。85 平方米（915 平方英尺）的建筑物中，墙壁、地板以及屋顶使用的都是由废木材做成的、结实的层叠木板进行建造。所有的板材都是在一个较远的工厂中集合，并被切割成具体尺寸，然后平板包装运送过来的，节约施工地点的工期。板材的内部未经加工，外部覆盖着涂有油漆的胶合板，透过板材还被切出不规律的窗户。所有的供给设备，例如电和水，都是由原有主建筑物提供的。

这个独特的建筑物一直在原位待到 2005 年，后来它被装进一艘船上的储藏空间里，驶向另一个等待它的新位置。

其他的寄生建筑物项目包括：由德国设计师维尔纳·阿斯林格（Werner Aisslinger）设计的跃层方盒（Loftcube），这是为轻质屋顶住宅设计的产品，它可以被起重机抬起并且放到现有的建筑物上，用以提供旅店式的住宿；由德国艺术家斯特凡·埃伯施塔特（Stefan Eberstadt）设计的概念性帆布住宅（Rucksack Haus）可以挂在钢缆上悬挂在建筑物的旁边，创造出额外的居住空间，并从原建筑的窗户直接进入。

光之住宅

时间：2007 年
地点：英国英格兰沃特福德
设计师：谢泼德·罗布森（Sheppard Robson）

像许多国家一样，英国正在逐步推行鼓励建筑师和施工方在今后的项目中采取更加可持续的方法的建设指导方针。但是，许多大型的住宅建筑公司似乎不太愿意采用环保方法，他们称这样需要增加成本或者几乎没有顾客提出这种要求。为了对新式住宅和其环境展开讨论，英国建筑研究中心举办了一个名叫“界外 2007”的大赛，用以展示绿色住宅的样板，提供了许多可以代替大量现有住宅的设计方案。

这些住宅样板都遵循《可持续住宅标准》，这是政府于 2006 年公布的自愿遵循的评估系统，将住宅等级进行 1~6 级的划分，6 级指零碳排放的建筑物。这项大赛包含了几个建筑师的设计原型并由住宅建造商进行建造，但由谢泼德·罗布森为金斯潘集团设计的光之住宅，是“界外”大赛唯一一栋被评为零碳排放的建筑物。

光之住宅是一栋二层半的两居室木屋，陡峭的斜屋顶形成了比平面高很多的顶棚。起居空间被安排在楼上，利用天窗带来的自然光照，卧室则在建筑物的楼下。屋顶上的“光通道”让自然光线可以穿过住宅直达卧室。通过排列安装高性能的隔热板外墙、被动制冷和通风系统、机械热能回收系统，以及屋顶上的太阳能光电板等多种方法来达到能源的高效率。

其他帮助光之住宅达到 6 级水平的设备包括雨水收集、中水回收和防止水流走的系统。水流走指的是：雨水经过沟槽直接进入排水系统被排走，而不是让雨水渗透进地里。这种情况导致城市地区的水位降低，并且使排水系统超负荷，引发雨季时节的洪水。光之住宅有一个“隆起部分”，储存这些水直到其自然地排出。

致谢

本书中引用的图片承蒙以下人士惠许，在此一并表示感谢！

提示：t表示上图，b表示下图，c表示中图，l表示左图，r表示右图。

1 Heath Nash; 2 Liam Frederick; 4 Catherine Hammerton; 5 TransGlass designed by Tord Boontje and Emma Woffenden; 6l Artek Studio; 6r and 7l Tom Dixon; 7r Artek Studio; 9 Atelier NL; 11 Christian Richters Photography

照明

12l Heath Nash; 12r Lovegrove Studio; 13 Tobias Wong/©Suck UK Ltd; 14–15 Come Rain Come Shine Light by Tord Boontje for Artecnica; 16 Tom Dixon; 17 Jason Bruges Studio; 18–19 Stuart Haygarth; 20 Gitta Gschwendtner; 21 Hulger; 22–23 Humberto and Fernando Campana, Transplastic 2007 Courtesy Albion; 24–27 Heath Nash; 28–29 Anke Weiss Studio; 30 Committee; 31–33 Lovegrove Studio; 34–35 Tobias Wong/©Suck UK Ltd; 36–37 Kennedy & Violich Architecture; 38 Potgerdesign; 39 ©Jakob Gade; 40–41 Olivia Cheung; 42–43 Demakersvan/©Igmar Cramers

家居用品

44l Christine Misiak; 44r Doshi Levien; 45l Alamy/©Coaster; 45r Atelier NL; 46–47 TransGlass designed by Tord Boontje and Emma Woffenden; 48–49 Arnout Visser; 50 TransNeomatic designed by Fernando and Humberto Campana for Artecnica; 51 Büro North; 52–53 Tomáš Gabzdil Libertiny/Studio Libertiny/©Raoul Kramer; 54 Muji; 55 Christine Misiak; 56–57 Alamy/©Coaster; 58–59 Mater/Thomas Ibsen; 60 Studio Jo Meesters; 61 Tom Dixon; 62–63 Karen Ryan; 64–65 Beads & Pieces designed by Hella Jongerius for Artecnica; 66 Doshi Levien; 67–69 Atelier NL

家具

70l Åbäke, www.gampermartino.com; 70r Jurgen Bey; 71l Russell Pinch; 71r Komplot Design; 72 Nendo; 73 Tatu designed by Stephen Burks for Artecnica; 74–75 Piet Hein Eek; 76 and 77r Emeco; 77l ©Nigel Young/Foster & Partners; 78–81 Artek Studio; 82–83 Komplot Design; 84–85 Artek Studio; 86; Vitra, www.vitra.com; 87–89 Maarten Baas/www.maartenbaas.com; 90 Johan Bruninx; 91 Russell Pinch; 92 Majid Asif; 93 Christian Kocx; 94–95 Ryan Frank; 96–97 Photos: Åbäke, www.gampermartino.com, Exhibition photos: Angus Mill; 98–99 Jurgen Bey; 100–101 Studio Lo; 102 Christopher Cattle; 103 Nina Tolstrup; 104–105 TAF Arkitektkontor

纺织品及材料

106l Elsbeth Joy Nielsen; 106r Jelte van Abbem; 107l Photography by Erik Gould, Image courtesy of Museum of Art, Rhode Island School of Design; 107r Catherine Hammerton; 108–109 Pedrita; 110 Greetje van Tiem; 111l Photography by Pablo Mason, taken at the San Diego Museum of Contemporary Art as part of the Soundwaves exhibition 111r Photography by Erik Gould, image courtesy of Museum of Art, Rhode Island School of Design; 112–113 ©Ronan and Erwan Bouroullec; 114–115 Jelte van Abbema; 116–117 Greetje van Tiem; 118 Catherine Hammerton; 119 Elsbeth Joy Nielsen; 120–121 Gary Harvey

产品

122l Anton Gustafsson and Magnus Gyllenswärd; 122r Marks Barfield Architects; 123l Priestman Goode; 123r LOTS Design; 124 Galerie Rob Koudijs; 125 Emiliano Godoy; 126 Jack Godfrey Wood; 127 Anton Gustafsson and Magnus Gyllenswärd; 128–129 Scott Amron/Amron Experimental Inc; 130 Jule Jenckel; 131 www.atelierkg.com/Steven Kessels; 132 ©Marc Domage; 133 ©Véronique Huyghe; 134 Priestman Goode; 135 Levente Szabó/Electrolux; 136 Trevor Baylis; 137 Héctor Serrano; 138–139 DIY Kyoto; 140 Mathieu Lehanneur; 141 Ines Sanchez Calatrava/Ravensbourne College of Design and Communication; 142 Vestergaard Frandsen SA; 143 Pieter Hendrikse; 144–145 fuseproject; 146 Chauhan Studio; 147 Studio Leung; 148 Marks Barfield Architects; 149 Asif Khan; 150 Roelf Mulder; 151 Creative Review; 152 LOTS Design; 153 Alberto Meda/Miro Zagnoli

交通工具

154l Boeing Images; 154r Solarlab; 155 Seymourpowell; 156–157 JCDecaux; 158 Strida; 159 Nicolas Zurcher; 160–161 Seymourpowell; p162–163 Solarlab; 164–165 Studio Massaud; 166–167 Lovegrove Studio; 168 Tesla Motors; 169 Toyota (GB) PLC; 170 Honda; 171 Nuon Solar Team/Hans–Peter van Velthoven; 172 Loremo; 173–175 Boeing Images

室内设计

176 James Winspear; 177l Geoffrey Cottenceau; 177r Rita Cahill; 178–181 Steve Spiller; 182 Rita Cahill; 183tr&183b Pat Redmond; 183tl Rita Cahill; 184–185 James Winspear; 186–187 MIO; 188 Geoffrey Cottenceau; 189 ©Ronan and Erwan Bouroullec; 190–191 Caroline Pham/The New School; 192l and 193 Merkx + Girod architecten; 192r Roos Aldershoff; 194 Julia Lohmann; 195 Alexandra Jørgensen; 196–197 Mike Meiré; 198–199 Schemata Architecture Office; 200–201 Patrick Blanc

建筑

202l Michael Freeman Photography; 202r Liam Frederick; 203l Sascha Kletzsch; 203r Christian Richters Photography; 204–205 Paul Smoothy; 206 Dennis Gilbert/View; 207 Sascha Kletzsch; 208 Richard Cooper; 209 Liam Frederick; 210–211 Gigaplex Architects; 212–213 www.zedfactory.com; 214–215 Christian Richters Photography; 216–219 Michael Freeman Photography; 220–221 C F Møller Architects, photographer Ole Hein Petersen; 222 MVRDV; 223 Pugh + Scarpa Architects; 224–225 Rob 't Hart fotografie; 226–227 Dennis Gilbert/View; 228–229 Rex Features/View Pictures/Paul Raftery; 230 Interactive Africa; 231 Shigeru Ban Architects Europe; 232–233 Didier Boy de la Tour; 234–235 www.solardecathlon.org; 236–237 Lesser Architecture; 238–239 ©Iwan Baan; 240–241 Foster & Partners; 242–243 ©Image Courtesy of Edward Cullinan Architects, Photographer Richard Learoyd; 244–245 Redshift Photography 2006; 246–247 Roland Halbe Fotografie; 248 and 249br Korteknie Stuhlmacher Architecten; 249tl, tr, bl Anne Bousema; 250–253 Hufton & Crow

为了确保正确，我们尽了最大努力联系每一张图片的版权持有者，但难免有疏漏之处，我们定会在今后的版本中加以订正。

译后记

随着全球生态环境的恶化，绿色设计成为人们日益关注的话题。但是，什么是绿色设计，绿色设计会给生活带来怎样的变化，如何在解决一个问题的同时不引发另外的环境问题，各行业的设计师们通过其设计作品给出了不同的答案。正如汤姆·迪克逊在本书前言中所说的："尽管一直以来花费大量的时间和精力探索这个课题，但依然不能说自己已经清晰地理解了这个课题的复杂性，也不能说已经找到了一个方法，把不同的学科、对立的观点、矛盾的统计数据以及人们对于这一课题的疯狂融合到一起。"

所以，本书从照明、家居用品、家具、纺织品及材料、产品、交通工具、室内设计、建筑这几方面，介绍了诸多设计师的作品，有的设计侧重对材料的利用，有的设计意在扶植本地技术，有的设计采用高科技……。其中不乏让人感动的项目，例如将光伏技术编入纤维和布料，创作出可通过太阳能提供四个小时发光时间的阅读垫，可以让偏远山区的孩子们在天黑之后学习。通过不同的项目，展示出绿色设计的广义理念，促进自然环境和人类社会的可持续发展，对设计领域很有借鉴意义。

参加本书翻译工作的还有林婉嫕、黄庭晚、冷一楠，她们在本书的翻译过程中做了大量的工作，在此表示感谢！

因译者水平所限，译文中肯定会有错误和不妥之处，恳请读者批评指正。

滕学荣

2014 年 4 月于北京

译者简介

滕学荣，北京建筑大学建筑与城市规划学院副教授、硕士生导师、清华大学博士。从事环境艺术设计的教学和科研工作，完成多项国家及省部级科研项目，出版专著《室内设计可持续发展策略》，在核心期刊和国内外专业期刊上发表论文 30 余篇。

相关图书介绍

- 《国外建筑设计案例精选——生态房屋设计》（中英德文对照）
  [德] 芭芭拉·林茨　著
  ISBN 978-7-112-16828-6（25606）32 开　85 元

- 《国外建筑设计案例精选——色彩设计》（中英德文对照）
  [德] 芭芭拉·林茨　著
  ISBN 978-7-112-16827-9（25607）32 开　85 元

- 《国外建筑设计案例精选——水与建筑设计》（中英德文对照）
  [德] 约阿希姆·菲舍尔　著
  ISBN 978-7-112-16826-2（25608）32 开　85 元

- 《国外建筑设计案例精选——玻璃的妙用》（中英德文对照）
  [德] 芭芭拉·林茨　著
  ISBN 978-7-112-16825-5（25609）32 开　85 元

- 《国际工业产品生态设计 100 例》
  [意] 西尔维娅·巴尔贝罗　布鲁内拉·科佐　著
  ISBN 978-7-112-13645-2（21400）16 开　198 元

- 《第十一届中国城市住宅研讨会论文集——绿色·低碳：新型城镇化下的可持续人居环境建设》
  邹经宇　李秉仁　等　编著
  ISBN 978-7-112-18253-4（27509）16 开　200 元

- 《低碳绿色建筑：从政策到经济成本效益分析》
  叶祖达　著
  ISBN 978-7-112-14644-4（22708）16 开　168 元

- 《中国绿色建筑技术经济成本效益分析》
  叶祖达　李宏军　宋凌　著
  ISBN 978-7-112-15200-1（23296）32 开　25 元

- 《中国绿色生态城区规划建设：碳排放评估方法、数据、评价指南》
  叶祖达　王静懿　著
  ISBN 978-7-112-17901-5（27168）32 开　58 元